꼭 알아야 할

소방유체역학

백승주 저

지우북스

머리말

뉴턴역학을 이론적 근간으로 하는 유체역학은 소방분야에서 우위를 정할 것 없이 가장 중요한 전공과목입니다.

본 교재는 총 13장으로써 SI단위를 바탕으로 앞에서는 화염과 열의 유동 그리고 유체의 이론과 법칙을 6장에 걸쳐서 담았고 이후 유체의 역학적 해석과 이론에 대하여 4개 장에서 설명하였으며 뒤로는 수계소화설비의 성능설계 이론 및 그 실무절차를 3장에 나누어 기술하였습니다.

소방관련 대학생의 교재로써, 자격시험을 준비하는 수험생의 학습서로써 도움이 되기를 기대하며 성심껏 노력하였으나 저자의 학문적 미흡함과 표현의 미숙이 본 교재의 여러 부분에 있을 것이니 지속적으로 수정하고 보완하도록 하겠습니다.

내 삶의 에너지원이 되어 주는 인혁, 은주, 채아 세 아이에게 미안함과 사랑을 전하며 무엇보다 본 교재의 편집, 교정, 발행까지 애정으로 이끌어 주신 존경하는 서철종 사장님께 늘 깊은 감사를 드립니다.

2021. 12 저자

목차

CHAPTER 01 단위와 차원

CHAPTER 02 화재의 성장

CHAPTER 03 유체의 성질 1

CHAPTER 04 유체의 성질 2

CHAPTER 05 유체의 법칙 1

CHAPTER 06 유체의 법칙 2

CHAPTER 07 정수역학

CHAPTER 08 동수역학 이론

CHAPTER 09 동수역학 활용 1

CHAPTER 10 동수역학 활용 2

CHAPTER 11 배관 및 펌프

CHAPTER 12 수계소화설비의 성능설계 1

CHAPTER 13 수계소화설비의 성능설계 2

소방설비기사(기계분야) 기출풀이 100문제

CHAPTER

01

단위와 차원

학습목표

- 절대단위와 공학단위의 공통점과 차이점을 설명할 수 있다.
- 뉴턴의 운동법칙을 각각의 예로 들어서 설명할 수 있다.
- 힘과 일과 동력의 차이와 연관성을 설명할 수 있다.

학습목차

- 1-1. 소방유체
- 1-2. 단위와 차원
- 1-3. F = ma
- 1-4. 주요 물리량

1-1 소방유체

1 물질의 상(相, phase)

- 상은 크게 고체, 액체, 기체로 나눈다.

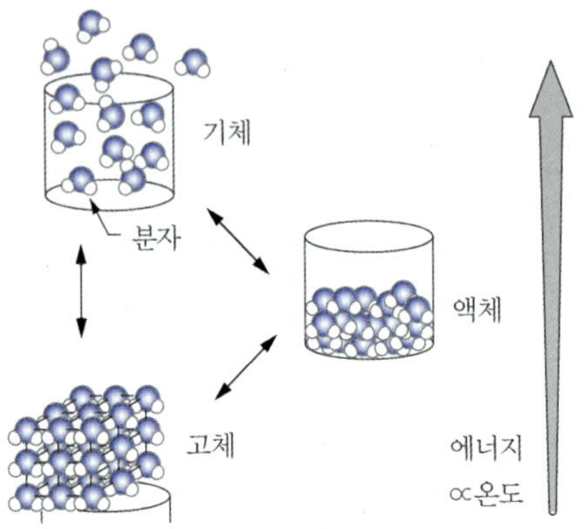

그림 1.1 물질의 상

- 고체는 그릇에 담지 않아도 고정된 모양을 가질 수 있다.
- 액체는 그릇에 담거나 흘릴 수 있지만 압력에 따라 부피가 거의 변하지 않는다.
- 기체는 흘릴 수는 있으나 그릇에 담을 수 없으며 압력에 따라 부피가 쉽게 변한다.

2 유체

- 액체와 기체는 그릇에 담아둘 수 있거나 없다는 차이를 가졌다.
- 또한 배관을 통해 흐르게 하거나 공간에 뿌릴 수 있다는 공통점이 있다.

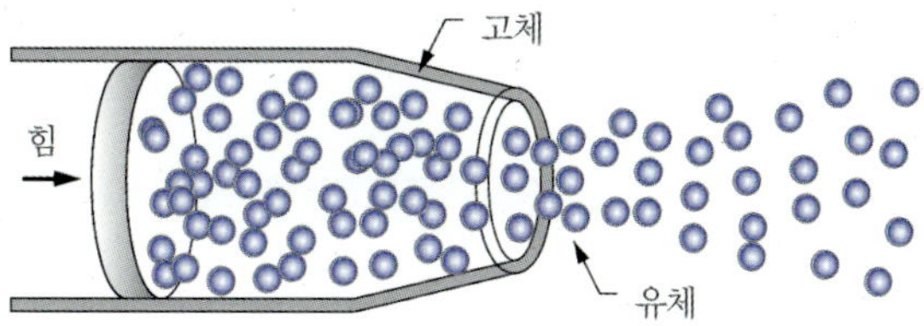

그림 1.2 고체와 유체

- 유체역학적 관점에서는 모든 물질은 유체와 고체로 되어 있다고 할 수 있다.
- 유체를 정의하는 것은 '흐른다'는 것을 공학적으로 설명하는 것과 같다.
- 유체는 '외부 힘에 온전히 저항하지 못하여 그 형태가 변하는 물질'이다.

3 소방유체

- 유체를 '흐르는 물질'로만 본다면, 열, 화염과 같은 연소생성물도 포함될 수 있다.
- 화재를 물로 소화하는 과정은 이러한 광의의 '유체'로 해석할 수 있다.

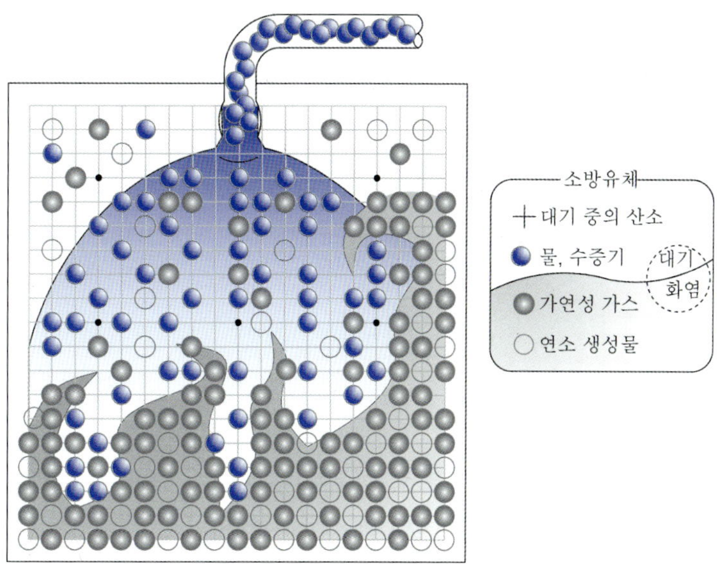

그림 1.3 소방유체

- 바둑용어에서 '포석(布石)을 깐다'는 것은 결전(Firefighting)에서의 승리를 위해 준비해 두는 것을 말한다.
- 기본단위를 활용하여 소방에서의 '유체'를 역학적으로 해석한다면 화재를 효과적으로 소화할 수 있는 고성능의 소방시설을 구현할 수 있게 될 것이다.

1-2 단위와 차원

1 단위

- 유체의 특성을 정량적으로 나타내기 위해서는 그 특성을 수치적인 크기로 나타낼 수 있는 수(number)와 기준(standard)이 필요하다.

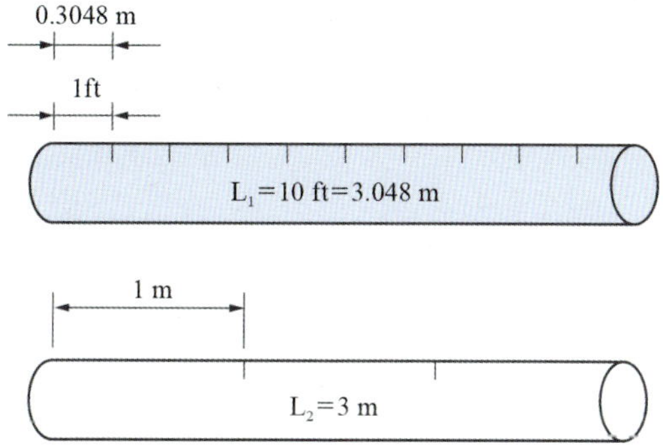

그림 1.4 단위가 다른 pipe의 길이 비교

- 위와 같이 길이가 각각 3 m, 10 ft인 pipe의 길이를 비교한다면, '길이'라는 같은 차원으로 두 값을 모두 알고 있지만 단위가 달라 곧바로 비교하기는 곤란하다.

$$1\ \text{ft} = 0.3048\ \text{m}$$

$$\therefore\ 10\ \text{ft} \times \frac{0.3048\ \text{m}}{1\ \text{ft}} = 3.048\ \text{m}$$

- 하지만 1 ft = 0.3048 m라는 관계가 있어 10 ft를 3.048 m로 변환할 수 있기 때문에 10 ft의 pipe가 3 m인 pipe보다 0.048 m만큼 길다는 것을 알 수 있게 된다.
- 이처럼 물리량의 크기를 정량적으로 정할 수 있도록 하는 기준을 '단위'라 한다.

2 절대단위와 공학단위

1) 절대단위

- 질량을 M, 거리는 L, 시간은 T로 하는 MLT 차원을 사용한다.

2) 공학단위(중력단위)

- 힘(중량)은 F, 거리는 L, 시간은 T로 하는 FLT 차원을 사용한다.
- 질량에 가해지는 (중력)가속도가 반영된 (중력)힘을 F로 하는 단일문자의 차원으로 사용하여 여러 가지 역학을 중심으로 하는 공학에서의 사용이 간소화되었다.

3 단위계

1) 배경

- 각 국가나 기관마다 서로 다른 단위들을 선택적으로 사용하고 있다.
- 이렇게 단위를 규정하여 사용하는 제도를 단위계라 한다.
- 한자어로는 도량형(度量衡)이라 하는데 이는 중국에서 시작된 척근법에서 도(度)는 길이를 재는 자, 양(量)은 부피를 재는 되, 형(衡)은 무게를 재는 저울을 뜻한다.
- 척근법이 시작된 중국은 1925년, 한국은 1964년부터 미터단위를 근간으로 하는 국제단위계를 채택하였으나 아직까지 여러 단위가 혼용되어 오는 것이 사실이다.
- 역학에서 거의 사용하지 않는 척근법은 본서에서 제외하고 사용빈도가 많은 주요한 단위계만을 간단히 설명하며 아울러 우리나라에서 규정한 국제단위계를 기본으로 하여 기술하기로 한다.
- 주요한 단위계에는 영단위계, 미터단위계, 국제단위계가 있다.

2) 영단위계

- 절대단위계에서의 질량[M]은 lb, 길이[L]는 ft, 시간[T]은 s를 사용한다.
- 공학단위계에서의 힘[F]은 lb_f, 길이[L]는 ft, 시간[T]은 s를 사용한다.

3) 미터단위계

- 절대단위계에서의 질량[M]은 kg, 길이[L]는 m, 시간[T]은 s를 사용한다.
- 미터단위계에서의 절대단위에는 kg, m, s를 사용하는 MKS 단위와 g, cm, s를 사용하는 cgs 단위가 있다.
- 공학단위계에서의 힘[F]은 kg_f, 길이[L]는 m, 시간[T]은 s를 사용한다.

4) 국제단위계

- 1960년 국제도량형총회에서 국가마다 다른 단위계의 통일을 위해 채택한 단위계로써 미터단위의 절대단위계인 MKS 단위를 기반으로 하고 있다.
- 아직도 여러 공학서적 및 국가시험 등에서 국제단위로 충분히 표현할 수 있는 단위를 영단위 등으로 사용하는 아쉬운 사례가 많다.

실전문제

4℃에서 물의 단위중량은 1,000 kg_f/m^3이다. 이를 영단위계로 나타내시오.

① 1,000 lb_f/ft^3 ② 453.6 lb_f/ft^3 ③ 304.8 lb_f/ft^3 ④ 62.41 lb_f/ft^3

풀이

$$1,000\,kg_f/m^3 \times \frac{(0.3048\text{ m})^3}{(1\text{ ft})^3} \times \frac{1\text{ lb}_f}{0.4536\text{ kg}_f} = 62.41\text{ lb}_f/\text{ft}^3$$

정답 ④

- 1999년 미항공우주국(NASA)에서 보낸 화성기후관측위성(Mars Climate Orbiter)이 화성에 진입하려다 영원히 소실된 사고가 발생하였다.
- 며칠 뒤 밝혀진 그 원인은 뉴턴[N]으로 입력되어야 할 로켓의 추력이 파운드중[lb_f]으로 입력되었기 때문이었다.
- 데이터 분석 업체인 록히드마틴과 NASA에서 쓰는 단위계가 틀렸기 때문에 6억 달러(약6,500억 원)를 날려버린 것이다.

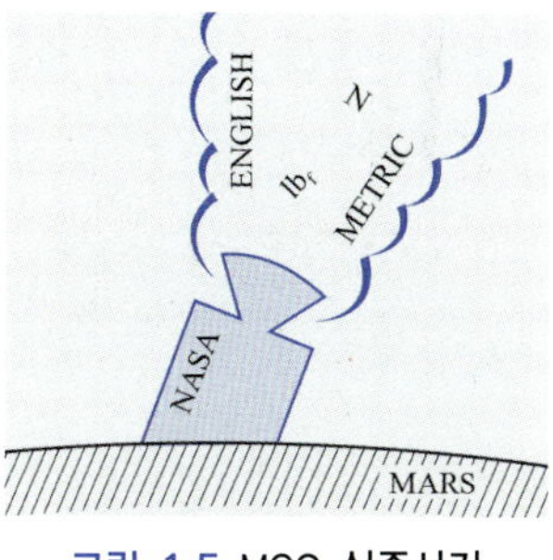

그림 1.5 MCO 실종사건

4 국제단위계

1) 배경

- 국가마다 다른 단위계에 따른 혼선을 없애기 위해 세계적으로 단일화한 국제단위계를 만들려는 노력이 이어져 왔다.
- 프랑스에서 발명된 '미터법'이 국제적으로 인정을 받고 과학의 발전을 거쳐 국제단위계의 체계를 갖추었으며 분류 및 표기에 대해서는 4년마다 개최되는 국제도량형총회를 통해 지속적으로 개선, 발전되고 있다.
- 최근에는 1999년 촉매활성도에 대한 유도단위인 카탈(단위기호 : kat)이 추가되기도 하였다.

2) 정의

- SI, 불어로는 Le Système international d'unités, 영어로는 The International System of Units
- 국제단위계는 미터법을 근간으로 채택되었으며 발전하는 과학기술에 부합하여 주기적으로 개정되는 측정표준으로 국제적으로 공인된 단위계이다.
- 국제단위계는 7개의 기본단위와 2개의 보조 단위(라디안 rad, 스테라디안 sr) 그리고 고유한 명칭과 기호를 가진 유도단위들로 분류된다.
- 우리나라에서의 제도적 뒷받침은 국가표준기본법 및 그 시행령을 통해 확인할 수 있다.

3) 기본단위

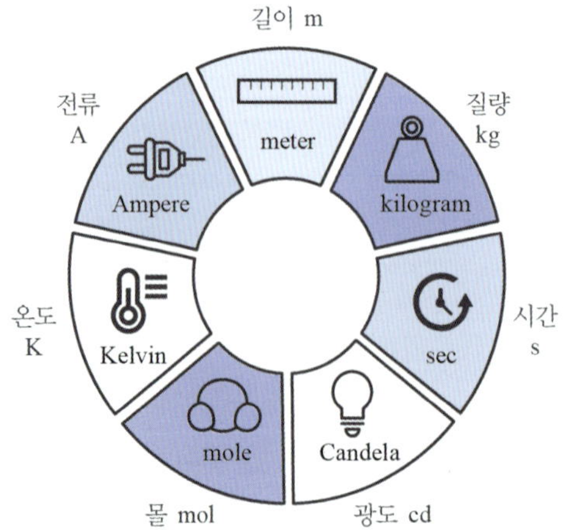

그림 1.6 SI에서 7개의 기본단위

물리량	단위		정의	비고
	쓰기	읽기		
길이	m	미터	진공에서의 빛의 속력 c는 299,792,458 m/s이다.	
질량	kg	킬로그램	플랑크 상수 h는 [$6.62607015 \times 10^{-34}$ [$J \cdot s = kg \cdot m^2/s$]이다.	
시간	s	초	세슘-133 원자의 바닥상태의 전이 주파수(진동수)는 9,192,631,770 [$Hz = s^{-1}$]이다.	
광도	cd	칸델라	주파수 540×10^{12} [Hz]의 단색광 시감효능은 683 [lm/W]이다.	
물질량	mol	몰	아보가드로 상수는 1 [mol]이 되는 특정 구성요소(원자, 분자, 이온, 전자, 그 외의 입자 또는 그 집합체)들의 개수로써 $6.02214076 \times 10^{23}$개 이다.	
온도	K	캘빈	볼츠만 상수 k는 1.380649×10^{23} [J/K]이다.	
전류	A	암페어	기본 전하 e는 $1.602176634 \times 10^{-19}$ [$A \cdot s = C$]이다.	

(표 내용 출처 : 국가표준기본법 시행령 별표1)

5 차원

1) 차원

- 물리에서의 차원(Dimention)은 기본적인 물리량의 조합으로 표현되는 물리량의 구분을 말한다.
- 차원으로 물리량을 구분하게 되면 같은 차원은 서로 환산할 수 있고 따라서 그 크기도 비교할 수 있다.
- 절대단위는 질량, 길이, 시간을 각각 M, L, T로 하여 표현한 MLT계라 하고, 힘, 길이, 시간을 각각 F, L, T로 하여 표현한 차원을 FLT계라 한다.
- 유체를 역학적으로 해석할 때 질량, 길이, 시간 그리고 온도의 물리량이 기본적으로 필요하다. 이 기본적인 물리량을 통해 속도, 면적, 비중량 등 다양한 물리량을 유도할 수 있기 때문이다. 이렇게 되면 여러 물리량은 기본물리량으로 나태낼 수도 있게 된다.
- 기본 물리량을 질량[M], 길이[L], 시간[T]과 같이 나타내면 속도는 [LT^{-1}], 면적은 [L^2], 체적유량은 [L^3T^{-1}]로 나타낼 수 있다.

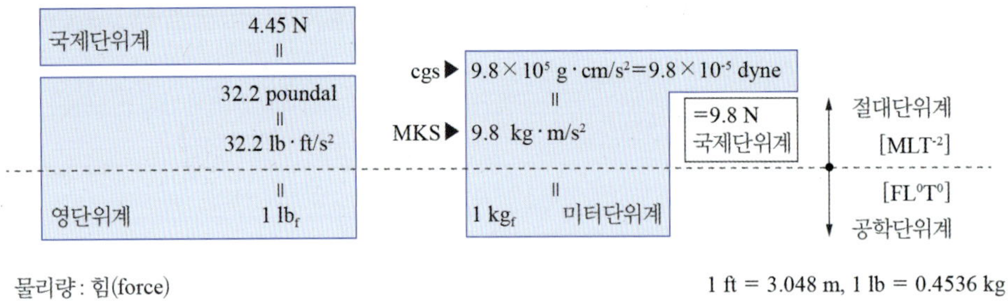

그림 1.7 힘의 단위와 차원

2) 차원의 동차성

- 유도의 결과로 등식 또는 부등식을 이루는 모든 항은 같은 차원을 가져야 한다. 이를 동차성(homogeneity)이라 한다.
- 예를 들어 일정가속도를 받은 질량체의 속도변화는 다음과 같다.

$$\Delta v = v_2 - v_1 = \alpha . t$$

v	: 속도	[m/s]
α	: 가속도	[m/s²]
t	: 시간	[s]

- 위 식을 차원으로 나타내면,

$$\Delta\,[M^0LT^{-1}] = [M^0LT^{-1}]_1 - [M^0LT^{-1}] = [M^0LT^{-2}]\times[T]$$

- 어떠한 식의 경우에는 수가 차원을 내포하는 경우도 있다. 예를 들어 지표에서 질량체에 작용하는 중력은 다음과 같다.

$$F = mg = 9.8\ \mathrm{m}$$

F	: 힘(중력)	[kg · m/s²]
m	: 질량	[kg]
g	: 중력가속도	[m/s²]

- 위 식을 MLT 차원으로 나타내면

$$[MLT^{-2}] = [M]\times[LT^{-2}] = 9.8\times[M]$$

• 위에서 오른쪽항이 동차성을 만족하지 못한 것으로 오해할 수 있으나 9.8이라는 수는 공식의 항 내에 단위나 차원을 표기하지 않는 규칙 때문일 뿐 사실은 중력가속도($=9.8$ [m/s^2])로써 LT^{-2}의 차원을 내포하고 있다.

• 이렇게 물리현상을 나타내는 모든 식들에서 각 항이 가져야하는 동차성을 증명하지 못한다면 이는 역으로 해당 등식 또는 부등식의 오류를 증명하는 것이 된다.

실전문제

밀도의 차원을 [MLT] 및 [FLT]계로 나타내시오.

① $[ML^{-2}], [FL^{-3}T^2]$ ② $[ML^{-3}], [FL^{-4}T^2]$

③ $[ML^{-2}], [FL^{-2}T^2]$ ④ $[ML^{-3}], [FL^{-4}T^3]$

풀이

밀도의 단위는 [kg/m^3], [kg$_f$ · s^2/m^4]이다.

정답 ②

6 주요단위 환산표

1) 질량의 단위

단위 명칭	크기	단위 명칭	크기
pound [lb]	1 lb = 0.4536 kg	ounce [oz]	1 oz = $\frac{1}{16}$ lb
slug [slug]	1 slug = 1 lb$_f$ · s^2/ft		

2) 길이의 단위

단위 명칭	크기	단위 명칭	크기
inch [in]	1 in = 0.0254 m	yard [yd]	1 yd = 0.9144 m
feet [ft]	1 ft = 0.3048 m	mile [mi]	1 mi = 1.6093 km

3) 힘의 단위

단위 명칭	크기	단위 명칭	크기
Newton [N]	$1\ N = 1\ kg \cdot m/s^{-2}$	pound-weight [lb_f]	$1\ lb_f = 4.448\ N$
kilogram-weight [kg_f]	$1\ kg_f = 9.8\ N$	dyne [dyne]	$1\ dyne = 1\ g \cdot cm/s^2 = 10^{-5}\ N$

4) 온도의 단위

단위 명칭	크기	단위 명칭	크기
섭씨 [℃]	$℃ = \frac{5}{9}[℉ - 32]$	화씨[℉]	$℉ = \frac{9}{5}℃ + 32$
캘빈 [K]	$K = ℃ + 273$		

1-3 F = ma

1. 뉴턴의 운동법칙	#뉴턴 #운동법칙 #고전역학 #빛의 속도 #상대성이론
2. 제1법칙-관성의 법칙	#제1법칙 #갈릴레오 갈릴레이 #추진력 #속도차 #관성의 법칙
3. 제2법칙-가속도의 법칙	#제2법칙 #가속도의 법칙 #속도변화율 #가속도 #F = ma #a = F/m
4. 제3법칙-작용·반작용의 법칙	#제3법칙 #작용·반작용의 법칙 #힘의 합력 #action #reaction

1 뉴턴의 운동법칙

- 뉴턴이 1687년에 뉴턴이 저서 「자연철학의 수학적 원리」에서 처음 정립한 3개의 운동법칙은 물리학적 현상에 대해 광범위한 증명을 가능하게 하여 고전역학의 기본 틀이 되었다.
- 이후 1916년에 아인슈타인의 상대성이론이 발현될 때까지 불변의 진리로 알려져 왔으며 물체의 속도가 빛의 속도보다 매우 적은 일상에서는 역시나 그대로 적용할 수 있다.

2 제1법칙 - 관성의 법칙

- 갈릴레오 갈릴레이는 17세기 초 관성의 개념을 완성하고 실험을 통해 증명하였다. 이는 뉴턴의 제1법칙과 같다.

$$\Sigma F = 0 \text{ 일 때}, \Delta v = 0$$

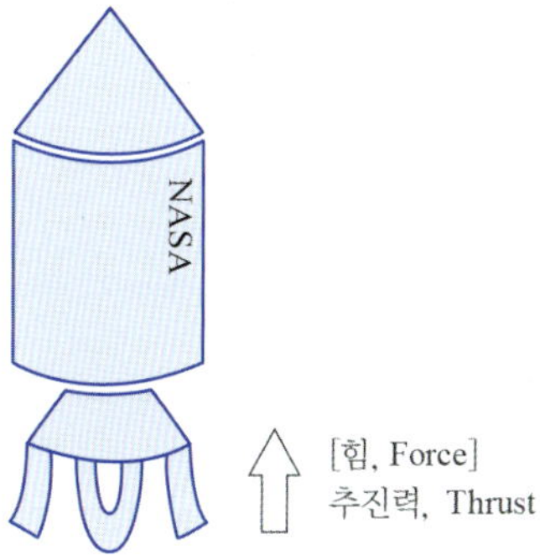

그림 1.8 뉴턴의 제1법칙-관성의 법칙

- 외부힘이 작용하지 않는 물체의 속도는 변하지 않는다.
- 고정된 로켓은 힘을 가할 때까지 움직이지 않는다. 추진체의 추진력을 통해 힘을 가하면 로켓이 솟아오르는 속도차가 발생하게 된다.

3 제2법칙 - 가속도의 법칙

$$a = \frac{v}{t} = \frac{F}{m}$$

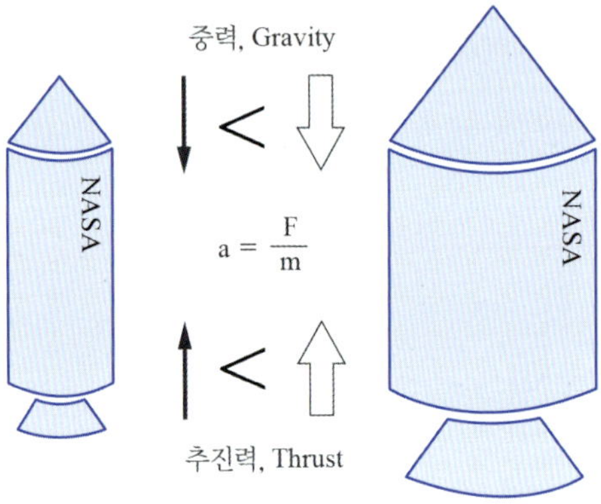

그림 1.9 뉴턴의 제2법칙–가속도의 법칙

- 물체의 운동량의 시간에 따른 변화율(= 가속도)은 그 물체에 작용하는 힘과 (크기와 방향에 있어서) 비례한다.
- 두 물체의 속도변화율이 같다면 가벼운 물체는 작은 힘이, 무거운 물체는 큰 힘이 작용한 것이다.

4 제3법칙 - 작용 · 반작용의 법칙

$$F_{1-2} = F_{2-1}$$

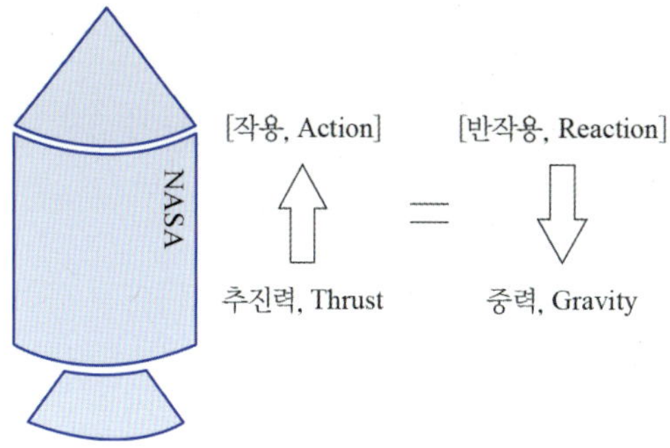

그림 1.10 뉴턴의 제3법칙–작용·반작용의 법칙

- 물체에 힘을 가한 지점에는 동시에 그 힘의 크기는 같고 방향은 반대인 힘이 발생한다.
- 등속으로 운동하는 로켓의 추진력(action)은 추진력의 반대방향으로 작용하는 힘(reaction)의 합력과 같다.

실전문제

앞으로 달리던 중에 정지하는 버스 안의 승객들은 앞으로 넘어지려 하게 된다. 이를 설명하는 물리법칙은 무엇인가?

① 뉴턴의 제1법칙　② 뉴턴의 제2법칙
③ 뉴턴의 제3법칙　④ 뉴턴의 만유인력의 법칙

풀이

뉴턴의 제1법칙은 관성의 법칙이다.

정답 ①

1-4 주요 물리량

1. 힘	#F = ma #힘 #가속도의 법칙 #뉴턴의 제2법칙 #poundal #dyne
2. 일	#N × m #일 #열 #에너지 #줄 #W = FL
3. 일률	#J/s #와트 #일률 #동력 #
4. 힘과 일과 동력의 관계	#힘 #일 #열 #에너지 #동력

1 힘

1) 정의

$$F = m.a$$

F	: 힘	[kg · m/s² = N]
m	: 질량	[kg]
a	: 가속도	[m/s²]

• 물체의 속도나 형태를 변하게 하는 물리량을 힘이라 한다.

2) 설명

• 뉴턴의 제2법칙인 '가속도의 법칙'을 정의한다.

• 국제단위에서 힘의 단위는 N (뉴턴)을 사용한다.

• 질량이 1 kg인 물체의 속도변화를 매 초마다 1 m/s 만큼씩 일으킬 수 있는 힘의 물리량은 1 kg · m/s^2이 되어 이를 1 N이라 한다.

<table>
<tr><th colspan="3">단위계</th><th>질량</th><th>길이</th><th>시간</th><th>힘</th><th>힘의 절대단위</th></tr>
<tr><td rowspan="2">영</td><td colspan="2">절대단위</td><td>lb</td><td rowspan="2">ft</td><td rowspan="2">s</td><td>poundal</td><td>1 poundal = 1 lb · ft/s²</td></tr>
<tr><td colspan="2">공학단위</td><td></td><td>lb_f</td><td>1 lb_f = 32.2 lb · ft/s²</td></tr>
<tr><td rowspan="3">미터</td><td rowspan="2">절대단위</td><td>MKS</td><td>kg</td><td rowspan="3">m</td><td rowspan="3">s</td><td>N</td><td>1 N = 10^5 dyne</td></tr>
<tr><td>cgs</td><td>g</td><td>dyne</td><td>1 dyne = 1 g · cm/s²</td></tr>
<tr><td colspan="2">공학단위</td><td></td><td>kg_f</td><td>1 kg_f = 9.8 kg · m/s²</td></tr>
<tr><td>SI</td><td colspan="2">절대단위</td><td>kg</td><td>n</td><td>s</td><td>N</td><td>1 N = 1 kg · m/s²</td></tr>
</table>

2 일

1) 정의

$$W = F \times l$$

W	: 일	$[kg \cdot m^2/s^2 = J]$
F	: 힘	$[kg \cdot m/s^2 = N]$
l	: 거리	$[m]$

- 작용된 힘에 그 방향으로 이동한 거리를 곱하여 얻어지는 물리량이다.

2) 설명

- 일과 열은 서로 변환되는 동차원의 물리량인 에너지이다.
- 국제단위에서 일의 단위는 J [줄]을 사용한다.
- 1 N의 힘으로 1 m를 이동한 만큼의 물리량은 1 J의 일이 된다.

3 일률

1) 정의

$$P = \frac{W}{t}$$

P	: 일률, 동력	$[kg \cdot m^2/s^3 = W]$
W	: 일	$[kg \cdot m^2/s^2 = J]$
t	: 시간	$[s]$

2) 설명

- 일률과 동력은 동차원의 물리량이다.
- 국제단위에서 동력의 단위는 W[와트]를 사용한다.
- 매초 1 J의 일을 해내는 만큼의 물리량은 1 W[와트]가 된다.

4 힘과 일과 동력의 관계

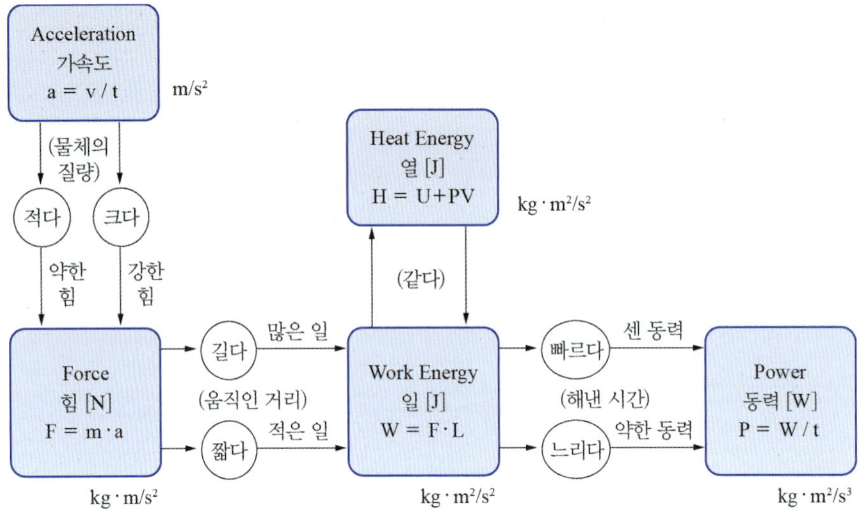

그림 1.11 힘과 일과 동력의 관계

- 물체의 속도나 형태를 변하게 하는 물리량을 힘[N, 뉴턴]이라 한다.
- 작용된 힘에 그 방향으로 이동한 거리를 곱한 물리량은 일[J]이다.
- 일과 열은 같은 동차원인 에너지[J]이다.
- 매초 1 J의 일을 해내는 만큼의 물리량은 동력으로서 1 W[와트]가 된다.

연습문제

01 다음 중 길이가 가장 긴 것은?

① 빛이 1초 동안에 도달하는 거리의 30만분의 1
② 3 feet
③ 1 yard
④ 10^{-1} mile

정답 ①
풀이 빛은 1초에 약 30만 km를 이동한다.

02 자동차가 정지한 상태에서 시속 1백 km까지 도달하는 데 걸리는 시간을 제로백(zero to hundred)이라 한다. 제로백을 단축시키기 위한 방법으로 틀린 것은?

① 자동차의 무게를 가볍게 한다.
② 엔진의 추진력을 높인다.
③ 전 좌석에 승객을 탑승시킨다.
④ 엔진의 배기량을 늘린다.

정답 ③
풀이 $a = F/m$ 이므로 가속도를 증가시키기 위해서는 힘을 크게 하거나 질량을 줄여야 한다.

03 다음에서 잘못된 설명을 고르시오

① 물체의 속도나 형태를 변하게 하는 물리량을 힘이라 한다.
② 작용된 힘에 그 방향으로 이동한 거리를 곱한 물리량을 일이라 한다.
③ 일과 열과 에너지의 차원은 서로 유사하다.
④ 매초 1 J의 일을 해내는 만큼의 물리량은 1 W이다.

정답 ③
풀이 일과 열과 에너지의 차원은 서로 같다.

학습정리

1. 단위

- 물리량의 크기를 정량적으로 정할 수 있도록 하는 기준을 '단위'라 한다.
- 절대단위는 질량[M], 거리[L], 시간[T]로 하는 MLT차원을 사용한다.
- 공학단위는 힘[F], 거리[L], 시간[T]으로 하는 FLT차원을 사용한다.

2. 단위계

- 주요 단위계에는 영단위계, 미터단위계, 국제단위계가 있다.
- 미터단위의 절대단위에는 MKS와 cgs단위가 있다.
- 단위계의 통일을 위한 국제단위계는 미터단위의 MKS단위를 기반으로 한다.
- 국제단위계의 7개 기본단위는 길이[m], 질량[kg], 시간[s], 광도[cd], 물질량[mol], 온도[K], 전류[A]이다.

3. 뉴턴의 운동법칙

- 뉴턴의 운동법칙은 관성의 법칙, 가속도의 법칙, 작용·반작용의 법칙이 있다.
- 뉴턴의 제1법칙은 물체의 속도가 변하려 하지 않는 관성의 법칙이다.
- 뉴턴의 제2법칙은 물체의 속도가 변하는 데 힘이 필요한 가속도의 법칙이다.
- 뉴턴의 제3법칙은 물체에 작용하는 힘과 반대방향의 같은 힘이 발생하는 작용·반작용의 법칙이다.

4. 주요 물리량

- 물체의 속도나 형태를 변하게 하는 물리량을 힘이라 한다.
- 1 N의 힘으로 1 m를 이동한 만큼의 물리량은 1 J의 일이 된다.
- 일과 열은 동차원인 에너지이다.
- 매초 1 J의 일을 해내는 만큼의 물리량은 1 W[와트]가 된다.

CHAPTER

02

화재의 성장

학습목표

- 열역학 법칙을 나열하고 설명할 수 있다.
- 열전달의 종류를 나열하고 설명할 수 있다.
- 화재의 성장단계별 작용에 대해 설명할 수 있다.

학습목차

복습점검

1. 단위 m와 ft는 다른 차원이다.

   답 × 단위 m와 ft는 길이로써 같은 차원이다.

2. 같은 힘이 가해지는 경우 질량이 클수록 속도변화도 커진다.

   답 × F = ma에서 F가 같고 질량이 크다면 속도변화율인 a는 작아진다.

3. 매초 1J의 일을 해내는 만큼의 물리량은 1 W이다.

   답 ○ 일률(= 동력)의 단위는 W로써 J/s, N·m/s와 같은 차원이다.

2-1 열역학 법칙

1. 열역학 법칙	#열과 일 #에너지의 이동 #에너지의 변형 #영구기관
2. 열역학 제0법칙	#열역학 제0법칙 #열평형의 법칙 #열적 평형상태
3. 열역학 제1법칙	#열역학 제1법칙 #에너지보존의 법칙 #엔탈피 법칙 #에너지의 총량
4. 열역학 제2법칙	#열역학 제2법칙 #가역·비가역의 법칙 #엔트로피 법칙 #엔트로피
5. 열역학 제3법칙	#열역학 제3법칙 #절대0도 불가능의 법칙 #엔트로피의 변화량
6. 카르노 사이클	#카르노 사이클 #이상기체 #등온팽창 #단열팽창 #등온압축 #단열압축 #열효율

1 열역학 법칙

1) 정의

- 열의 역학적 과정에서 열과 일에 관한 법칙이다.
- 열역학 법칙들은 다양한 조건에서 에너지의 이동과 에너지의 변형을 설명한다.
- 열효율이 1 이상이 되는 영구기관과 같은 특정현상이 불가능함을 의미한다.

2) 항목

구분	명칭	비고
열역학 제0법칙	열평형의 법칙	20세기
열역학 제1법칙	엔탈피 법칙	19세기
열역학 제2법칙	엔트로피 법칙	19세기
열역학 제3법칙	절대0도 불가능의 법칙	20세기

- 에너지로써 일반적이지 않은 열의 특성을 가장 잘 설명하는 제0법칙과 제3법칙이 20세기에 들어서야 정립된 것은 흥미로운 일이다.

2 열역학 제0법칙

1) 정의

- 열평형의 법칙
- 열은 평형상태를 이룰 때까지 고온에서 저온으로 흐른다.

2) 이해

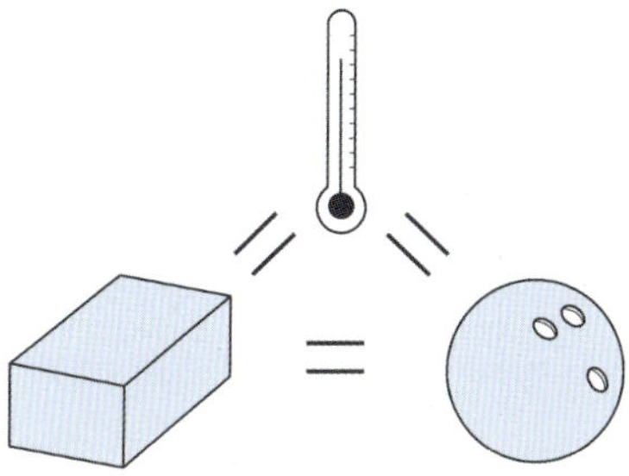

그림 2.1 열평형의 관계

- 벽돌과 볼링공의 온도를 재어보니 같다면 서로 열이 이동하지 못한다.
- 어떤 두 물질이 각각 다른 한 물질과 열적 평형상태에 있으면 그 두 물질도 반드시 열적 평형상태가 된다.
- 즉 온도가 같아질 때까지 열은 높은 온도에서 낮은 온도로 흐른다.

3 열역학 제1법칙

1) 정의

- 에너지보존의 법칙 / 엔탈피 법칙
- 고립계의 에너지는 생성·소멸하지 않고 보존되며 그 형태는 바뀔 수 있다.

2) 해석

$$\Delta U = Q - W = Q - PdV$$

ΔU	: 내부 에너지 변화	[J]
Q	: 가해진 열에너지	[J]
W	: 배출한 일에너지	[J]
PdV	: 배출한 일에너지	[J]

- 열에너지와 일에너지의 총량은 같다.
- 가해진 열에너지는 내부에너지의 변화량과 배출한 일에너지의 합과 같다.

4 열역학 제2법칙

1) 정의

- 가역·비가역의 법칙 / 엔트로피 법칙
- 높은 엔트로피의 질 낮은 에너지를 질 높은 에너지로 되돌릴 수 없다.
- 고립된 계는 열적 평형상태를 진행하며 엔트로피를 최대화시킨다.

2) 해석

$$dS = \frac{\Delta Q}{T}$$

S	: 엔트로피	[-]
Q	: 열에너지	[J]
T	: 절대온도	[K]

- 같은 크기의 열에너지도 저온의 계에 가해졌을 때 엔트로피의 증가량은 커진다.
- 엔트로피는 에너지의 총량이 동일하더라도 그 유용성은 다름을 나타내는 개념으로써 단위의 동차성으로 보아 $J \cdot K^{-1}$만으로 특정할 수는 없다.

5 열역학 제3법칙

1) 정의

- 절대0도에 불가능의 법칙
- 어떠한 물질도 절대0도에 도달할 수 없다.

2) 해석

$$\int \frac{\delta Q}{T} \geq 0$$

Q	:	열에너지	[J]
T	:	절대온도	[K]

- 절대0도에 가까워질수록 엔트로피의 변화량은 0에 가까워진다.
- 절대0도에 도달한다면 엔트로피는 0이다.

실전문제

다음은 어떤 열역학 법칙을 설명한 것인가?

> 열은 고온의 열원에서 저온의 물체로 이동하나, 반대로 스스로 돌아갈 수 없는 비가역 변화이다.

① 열역학 제0법칙 ② 열역학 제1법칙 ③ 열역학 제2법칙 ④ 열역학 제3법칙

풀이

가역, 비가역의 법칙은 엔트로피를 설명하는 열역학 제2법칙이다.

정답 ③

6 카르노 사이클

1) 정의

- 이상기체를 사용하는 가상의 이상적인 순환사이클이다.
- 실존하는 기관보다 열효율이 높으나 1이 될 수는 없어 열효율이 1이 될 수 없음을 증명한다.

2) 카르노 순환과정

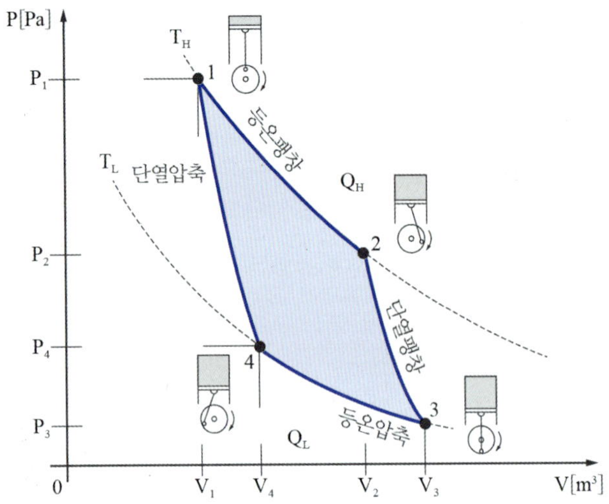

그림 2.2 카르노 사이클

(1) 등온팽창 (1 → 2)

- 고온(T_H) 측에서 입열하였으나 온도는 일정하고 부피는 팽창($V_1 \rightarrow V_2$)한다.

(2) 단열팽창 (2 ↘ 3)

- 온도가 강하($T_H \rightarrow T_L$)하며 부피는 소폭 팽창($V_2 \rightarrow V_3$)한다.
- 단열과정에서 엔트로피의 변화는 없다.

(3) 등온압축 (4 ← 3)

- 저온(T_L) 측으로 방열하나 온도는 일정하고 부피는 감소($V_3 \rightarrow V_4$)한다.

(4) 단열압축 (1 ↖ 4)

- 기체의 온도를 원래대로 상승($T_L \rightarrow T_H$)시킨다.

3) 카르노 사이클의 해석

- 원래의 상태로 순환되므로 내부에너지의 변화는 없다.

$$\Delta U = 0$$

- 카르노 사이클의 열효율은

$$\eta_c = \frac{\text{출력된 에너지}}{\text{공급된 에너지}} = \frac{Q_H - Q_L}{Q_H} = 1 - \frac{Q_L}{Q_H}$$

- 고·저온부에서 각각 흐르는 열에너지의 비는 고·저온부의 절대온도의 비와 같다.

$$\frac{Q_L}{Q_H} = \frac{T_L}{T_H}$$

- 따라서 카르노 사이클에서의 열효율은

$$\eta_c = 1 - \frac{T_L}{T_H}$$

4) 열효율의 정리

- 효율이 1인 이상기관이 되려면 고온부(TH)가 무한대이거나 저온부(TL)가 절대0도이어야 한다.
- 따라서 가장 이상적인 카르노 사이클에서도 열효율이 1이 될 수는 없다.

실전문제

10℃와 300℃ 사이에서 작동하는 카르노 사이클의 열효율은 얼마인가?

① 45.6% ② 50.6% ③ 70.5% ④ 96.7%

풀이

$$\eta_c = 1 - \frac{T_L}{T_H} = 1 - \frac{10+273}{300+273} \simeq 0.5061$$

정답 ②

2-2 열전달

1. 열전달의 형태	#전도 #대류 #복사 #매질
2. 전도	#Conduction #분자의 진동 #자유전자 #접촉면적 #전도열전달계수 #단열재
3. 대류	#Connvection #유체운동 #대류층 #대류열전달계수 #자연대류 #강제대류
4. 복사	#Radiation #스테판-볼츠만상수 #복사능 #형태계수 #흑체

1 열전달의 형태

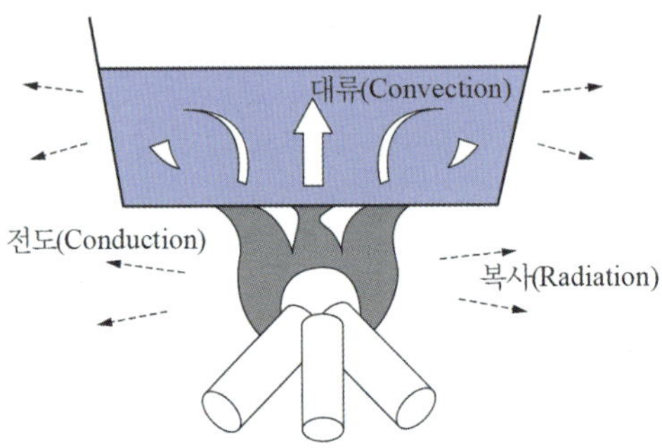

그림 2.3 열전달의 종류

- 열은 전도, 대류, 복사의 형태로 전달된다.

구분	계산식
전도 Conduction	$q = k.A.\frac{\Delta T}{l}$
대류 Convection	$q = h.A.\Delta T$
복사 Radiation	$q = \sigma A T^4$

- 전도와 대류는 직접 맞닿거나 유체의 작용을 통해 전달되므로 그 매질이 없으면 열전달이 불가능하다.
- 복사는 태양에서 지구로의 열전달과 같이 매질이 없는 상태로 전달된다.

2 전도 Conduction

1) 정의

- 분자의 상호작용에 의해 높은 온도에서 낮은 온도로 전달된다.
- 고체는 분자의 진동과 자유전자의 에너지 전달로 이뤄진다.
- 유체는 분자의 충돌과 확산에 의해 전달된다.

2) 해석

$$q = k.A.\frac{\Delta T}{l}$$

q	: 전도 전열량	[W]
k	: 전도열전달계수	[W/(m · K)]
A	: 접촉면적	[m^2]
T	: 온도	[K]
l	: 두께	[m]

- 접촉면적이 넓고 온도차가 클수록 전달되는 열량은 커진다.
- 단열재는 두께가 두꺼울수록 열손실이 작아진다.

실전문제

단면이 1 m^{2}인 단열 물체를 통해서 5 kW의 열이 전도되고 있다. 이 물체의 두께는 5 cm이고 열전도도는 0.3 W/(m · ℃)이다. 이 물체 양면의 온도차는 몇 ℃인가?

① 35 ② 237 ③ 506 ④ 833

풀이

$q = k.A.\frac{\Delta T}{l}$ 에서 $\Delta T = \frac{q.l}{k.A} = \frac{5{,}000 \times 0.05}{0.3 \times 1} = 833.33\ [K]$

정답 ④

열전도계수가 0.7 W/(m · ℃)인 5 m x 6 m 벽돌 벽의 안팍의 온도가 20℃, 5℃일 때, 열손실을 1 kW 이하로 유지하기 위한 벽의 최소 두께는 몇 cm인가?

① 1.05 ② 2.10 ③ 31.5 ④ 64.3

풀이

$q = k.A.\frac{\Delta T}{l}$ 에서 $l = \frac{k.A.\Delta T}{q} = \frac{0.7\times(5\times6)\times(20-5)}{1,000} = 0.315\ \text{m}$

정답 ③

외부 표면의 온도가 24℃, 내부 표면의 온도가 24.5℃일 때, 높이 1.5 m, 폭 1.5 m, 두께 0.5 cm인 유리창을 통한 열전달률은 얼마인가? (단, 유리창의 열전도율 k는 0.8 W(m·K)이다.)

① 180 W ② 200 W ③ 1,800 W ④ 18,000 W

풀이

$$q = k.A.\frac{\Delta T}{l}$$
$$= 0.8\times(1.5\times1.5)\times\frac{0.5}{0.005} = 180$$

정답 ①

3 대류 Convection

1) 정의

- 유체에 의한 열전달
- 전도와 유체운동의 복합적인 작용에 의해 이뤄진다.

2) 해석

$$q = h.A.\Delta T$$

q	:	대류 전열량	[W]
h	:	대류열전달계수	[W/(m^2·K)]
A	:	접촉면적	[m^2]
T	:	온도	[K]

- 대류층의 두께는 유체의 특성에 따라 달라지므로 대류열전달계수에 두께특성을 포함한다.
- 유체의 온도차에 의한 밀도차로 작용하는 자연대류와 외력에 의해 흐르는 유체를 이용하는 강제대류 형태가 있다.

실전문제

반지름 2 cm의 금속 공은 선풍기를 켠 상태에서 냉각하고, 반지름 4 cm의 금속 공은 선풍기를 끄고 냉각할 때 대류 열전달의 비는? (단, 두 경우 온도차는 같고, 선풍기를 켜면 대류 열전달계수가 10배가 된다고 가정한다.)

① 1 : 0.3375 ② 1 : 0.4 ③ 1 : 5 ④ 1 : 10

풀이

$q_1 = h_1 \cdot A_1 \cdot \Delta T,\ \ q_2 = h_2 \cdot A_2 \cdot \Delta T$ 에서

$q_1 : q_2 = h_1 A_1 : h_2 A_2 = 10A_1 : 1A_2$

$= 10 \times 4\pi 2^2 : 4\pi 4^2 = 40 : 16 = 1 : 0.4$

정답 ②

반지름이 r인 뜨거운 금속 구를 실에 매달아 선풍기 바람으로 식힌다. 표면에서의 평균열전달계수를 h, 공기와 금속의 열전도 계수를 k_a와 k_b라고 할 때, 구의 표면 위치에서 금속에서의 온도 기울기와 공기에서의 온도 기울기의 비는?

① $k_a : k_b$ ② $k_b : k_a$ ③ $(rh - k_a) : k_b$ ④ $k_a : (k_b - rh)$

풀이

온도 기울기는 열전달이 억제될수록 커진다. 즉, 열전도계수가 작을수록 기울기는 커진다.

정답 ①

지름 5 cm인 구가 대류에 의해 열을 외부공기로 방출한다. 이 구는 50 W의 전기히터에 의해 내부에서 가열되고 있고 구 표면과 공기 사이의 온도차가 30℃라면 공기와 구 사이의 대류열전달계수는 약 몇 W/(m^2 · ℃)인가?

① 111 W ② 212 W ③ 313 W ④ 414 W

풀이

$q = h.A.\Delta T$ 에서,

$$h = \frac{q}{A.\Delta T} = \frac{50}{4\pi \times 0.025^2 \times 30} = 212.206$$

정답 ②

4 복사 Radiation

1) 정의

- 매질이 없는 복사파에 의한 열전달이다.
- 절대0도를 초과하는 모든 물질은 복사파를 방출한다.

2) 해석

$$q = \sigma A T^4$$

q	: 복사 전열량	[W]
σ	: 스테판 - 볼츠만상수	$[W/(m^2 \cdot K^4)]$
A	: 면적	$[m^2]$
T	: 온도	[K]

- 복사열 전달은 절대온도의 4승에 비례한다.
- 스테판 - 볼츠만 상수는 $5.67 \times 10^{-8} [W/(m^2 \cdot K^4)]$이다.

$$q = \epsilon \phi \sigma A T^4$$

ϵ	: 복사능	[-]
ϕ	: 형태계수	[-]

- 복사능 ϵ은 입사하는 복사파에 대한 실제 표면에서 방사되는 복사파의 비를 나타낸다.

$$\epsilon = \frac{\text{실제 표면의 방사 복사파}}{\text{흑체의 방사 복사파}} = 1 - e^{-kl}$$

ϵ	: 복사능	[-]
k	: 흡수계수	$[m^{-2}]$
l	: 두께	[m]

- 일반적인 물체는 "흡수 + 반사 + 투과 = 1"이다.
- 흑체는 흡수율이 1로서 입사되는 복사파와 방사하는 복사파가 같아 복사능은 1이다.
- 자연로그의 밑수인 e는 수학의 중요한 상수 중 하나로 약 2.71828 이다.

2-3 화재의 성장

1. 화재성장의 이해	#화재플룸 #밀도 #부력 #천장제트기류 #청결층
2. 화재플룸	#연속화염 #간헐화염 #부력플룸 #평균화염 높이
3. 화재성장에서의 열전달	#전도 #대류 #복사 #발화 #화재플룸 #Flash Over

1 화재성장의 이해

1) 화재플룸의 생성

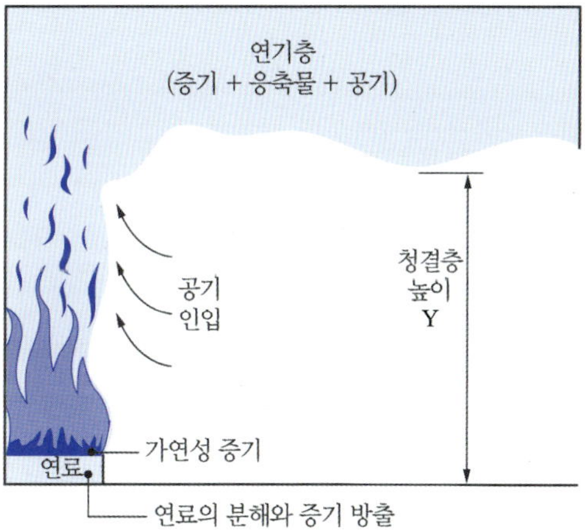

- 연료는 외부의 입열이 기화열을 초과하면 가연성 증기로 기화한다.
- 기화한 증기는 연소로 발열하여 온도가 상승하고 이로 인해 밀도가 감소함에 따라 부력이 증가한다.
- 증가한 부력으로 상승하는 가연성가스는 연소하며 기둥(Plume)을 형성한다.
- 형성된 화재플룸의 측면으로는 공기가 인입하면서 유량은 증대하나 온도는 냉각되어 부력이 점차 감소한다.

2) 상부에서의 현상

천장이 높은 공간	천장이 낮은 공간
부력이 소멸되어 상승을 멈추거나 하강하는 단층화 현상이 나타난다.	천장면에 닿은 플룸이 수평으로 급격히 확산하는 천장제트기류(Ceiling Jet Flow)가 형성된다.

- 천장면에 닿은 연기층은 증기, 응축물, 공기가 서로 혼합된 상태로 점차 축적되어 그 경계면이 하강한다.
- 상부의 연층과 하부의 공기층의 경계면까지의 높이를 청결층의 높이라 한다.
- 대형 인명피해를 방지하기 위해서는 화재를 억제하는 소화설비 외에 청결층의 높이를 확보하는 제연설비가 중요하다.

2 화재 플룸 Fire Plume

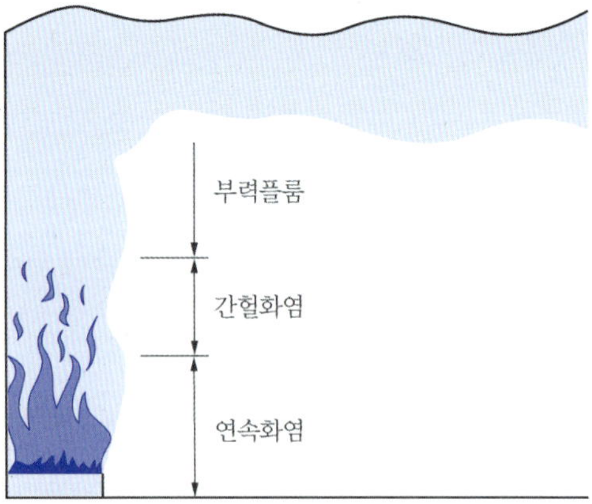

1) 연속화염

- 연료표면 바로 위에서 화염이 지속되는 영역
- 지속적인 화염이 플룸의 부력을 촉진시킨다.

2) 간헐화염

- 화염의 발생과 소멸이 반복되는 영역

$$f = \frac{1.5}{\sqrt{D}}$$

f	: 화염 주기	[Hz]
D	: 플룸의 직경	[m]

3) 부력플룸

- 플룸의 최상부로써 연소반응이 일어나지 않아 온도가 감소하여 밀도가 높아진다.
- 높아지는 밀도로 부력이 감소하여 유속이 느려지다 정지 또는 하강할 수 있다.

4) 플룸의 해석

$$L_f = 0.23\,Q^{2/5} - 1.02\,D$$

L_f	: 평균화염 높이	[m]
Q	: 열방출률	[kW]
D	: 화원의 직경	[m]

- 열방출률이 클수록 화염의 직경이 작을수록 평균화염 높이는 높아진다.
- 벽, 구석에서의 화재일수록 화염의 높이가 높고 확산속도가 빠르나.

3 화재성장에서의 열전달

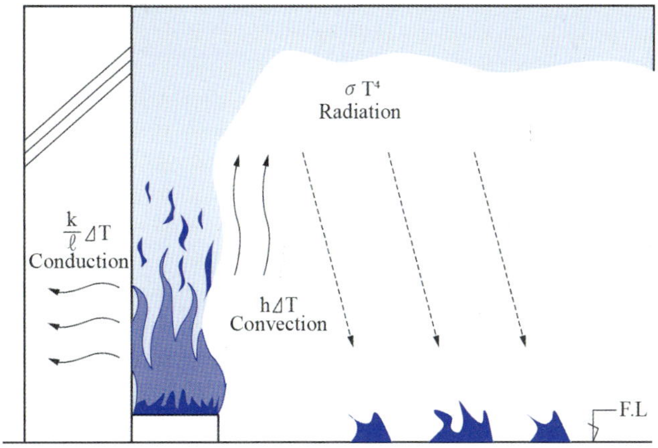

그림 2.4 화재성장에서의 열전달

1) 발화

- 가연물이 증기화되는 과정에서 입열이 필요하다.
- 접염, 과열 등 입열은 주로 전도를 통해 이뤄진다.

2) 화재플룸

- 가연물 상단의 화재는 부력으로 상승하며 Fire Plume을 형성한다.
- 온도의 상승으로 부력이 증가하는 대류를 통해 진행된다.

3) Flash Over

- 천장 면에 도달한 부력플룸은 수평으로 빠르게 확산한다.
- 천장에 축적되는 열기류에 의해 꾸준히 상승하는 온도가 약 500℃에 달하면 접염하지 않은 실 내의 벽, 바닥에서 일제히 가연성가스를 뿜어내며 전실로 화재가 확산되는 Flash Over 현상이 발생한다.

연습문제

01 다음은 어떤 열역학 법칙을 설명한 것인가?

절대0도에 가까워질수록 엔트로피의 변화량은 0에 가까워진다.

① 열역학 제0법칙
② 열역학 제1법칙
③ 열역학 제2법칙
④ 열역학 제3법칙

정답 ④
풀이 열역학 제3법칙은 절대0도 불가능의 법칙이다.

02 다음 중 매질이 필요한 열전달의 형태를 골라 적은 것은?

① 전도, 복사
② 대류, 복사
③ 전도, 대류, 복사
④ 전도, 대류

정답 ④
풀이 전도, 대류를 통한 열전달에서는 반드시 매질이 필요하다.

03 화재의 성장을 설명하고 있다. 잘못된 설명을 고르시오.

① 연료는 입열되는 만큼 즉시 가연성 증기로 기화한다.
② 상승되는 플룸의 측면으로는 공기가 인입하면서 냉각되고 유량이 증대한다.
③ 천장 면에 닿은 연기층은 축적되며 경계면이 점차 하강한다.
④ 기화한 증기는 연소하여 발열하고 이로 인해 밀도가 감소하여 부력으로 상승한다.

정답 ①
풀이 연료는 기화열을 초과하여야 가연성 증기로 기화한다.

학습정리

1. 열역학 법칙

- 열역학 제0법칙은 열이 고온에서 저온으로 흐른다는 열평형의 법칙이다.
- 열역학 제1법칙은 외부에서 가해진 열에너지는 내부 에너지 변화량과 외부로 한 일에너지의 합과 같다는 에너지보존의 법칙이다.
- 열역학 제2법칙은 열이 이동하는 과정에 엔트로피는 증가한다는 가역 · 비가역의 법칙이다.
- 열역학 제3법칙은 어떠한 물질도 절대0도에 도달할 수 없다는 절대0도 불가능의 법칙이다.

2. 카르노 사이클

- 이상기체를 사용하는 가상의 이상적인 순환사이클이다.
- 두 개의 등온과정과 두 개의 단열과정으로 이루어져 있다.
- 실존하는 기관보다 열효율이 높으나 1이 될 수는 없어 열효율이 1이 될 수 없음을 증명한다.

3. 열전달의 형태

- 매질이 필요한 전도, 대류가 있고 매질이 필요 없는 복사가 있다.
- 전도는 분자의 상호작용에 의해 높은 온도에서 낮은 온도로 전달된다.
- 대류는 유체를 매질로 하여 전도와 유체운동의 복합적인 작용에 의해 이뤄진다.
- 복사는 매질이 없이 복사파에 의해 전달되며 절대0도를 초과하는 모든 물질은 복사파를 방사한다.

4. 화재의 성장

- 점화원에 의한 전도열전달로 가연물이 기화하고 연소를 시작하며 지속한다.
- 화염의 온도상승으로 부력이 증가하여 대류로 상승하며 Fire Plume을 형성한다.
- 천장에 축적되는 열기류로 온도가 상승하여 복사파의 방사량이 증가한다.
- 500℃ 이상이 되면 벽, 바닥에서 일제히 가연성 증기를 뿜어내어 실 전체로 화재가 확산되는 Flash-Over 현상이 일어난다.

CHAPTER

03

유체의 성질 1

학습목표

- 유체의 정의를 설명하고 특성별로 분류할 수 있다.
- 질량과 밀도의 단위를 알고 관계를 설명할 수 있다.
- 온도와 압력의 단위를 알고 관계를 설명할 수 있다.

학습목차

복습점검

1. 절대0도에 도달하기 위해서는 매우 큰 에너지가 필요하다.

   답 × 모든 물질은 절대0도에 도달할 수 없다.

2. 열이 전달되기 위해서는 반드시 중간 매개물질이 필요하다.

   답 × 열전달 형태의 하나인 복사는 매질이 필요없다.

3. 큰 분자량의 연소가스가 상승하는 것은 높은 온도로 밀도가 낮아지기 때문이다.

   답 ○ 화재로 발생하는 연소가스는 "높은 온도 → 낮은 밀도 → 부력 증가"로 상승한다.

3-1 유체의 정의와 분류

1. 유체의 정의	#유체의 정의 #접선력 #전단력
2. 유체의 특성	#유체의 특성 #압축성 #점성 #전단응력 #속도구배
3. 유체의 분류	#유체의 분류 #압축성 #비압축성 #점성 #비점성 #뉴턴유체 #비뉴턴유체

1 유체의 정의

1) 이해

- 물을 그릇에 부었을 때 그릇의 형태와 빈틈없이 일치하게 담기는 이유는 그릇과 접촉하는 면에 접선방향으로 작용하는 중력의 힘에 따라 아래로 흐르기 때문이다.
- 이처럼 외부에서 가해지는 힘에 따라 그 형태가 변하는 물질을 유체라 한다.

2) 정의

- 유체를 정의하기 위한 특성은 아래와 같다.
  - 액체, 기체 또는 증기로 존재한다.
  - 정지상태에서는 접선력, 전단력이 없다.
  - 아주 미소한 외력에도 저항 없이 형태나 모양이 쉽게 바뀐다.

2 유체의 특성

1) 압축성

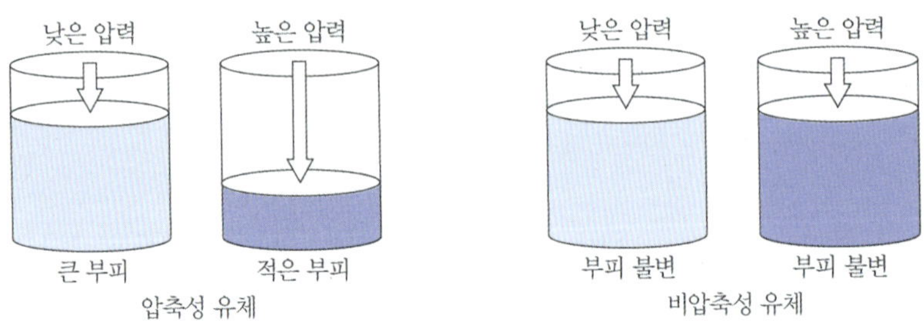

그림 3.1 유체의 압축성

- 압축성 유체는 온도가 상승하면 밀도는 감소하고 압력이 상승하면 밀도가 높아진다.
- 압축성 유체는 기체, 비압축성 유체는 액체의 특성을 나타낸다.

2) 점성

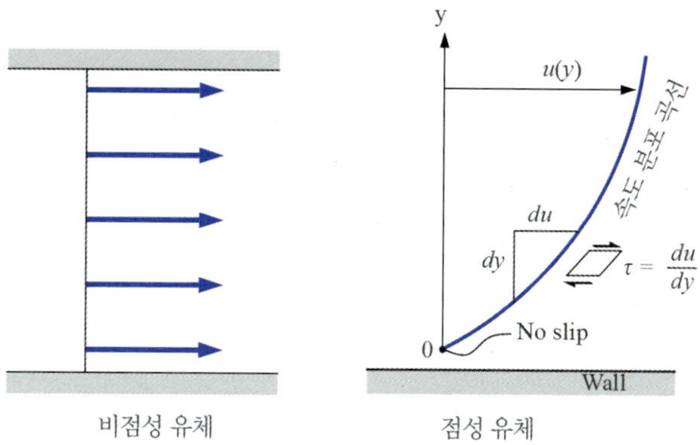

그림 3.2 유체의 점성

- 점성이 존재하는 일반적인 실제유체는 관벽에서 일정거리까지는 유속이 감소한다.

$$\tau = \mu \frac{du}{dy}$$

τ	: 전단응력	$[N/m^2]$
μ	: 점성계수	$[kg/m \cdot s]$
$\frac{du}{dy}$	: 속도구배	$[S^{-1}]$

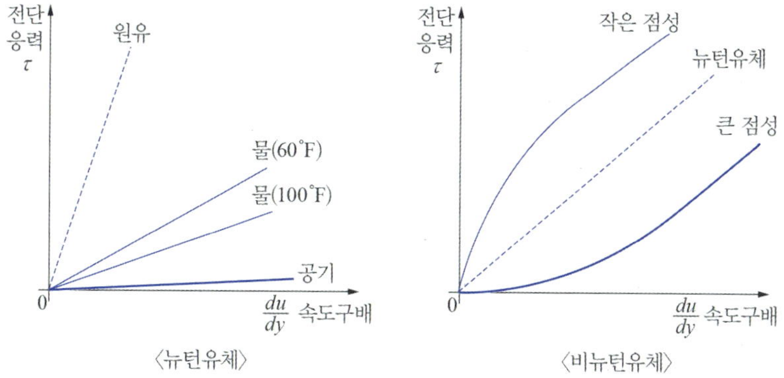

그림 3.3 유체의 종류별 점성

- 뉴턴유체는 거리에 비례하여 전단응력이 발생한다.

3 유체의 분류

1) 개념

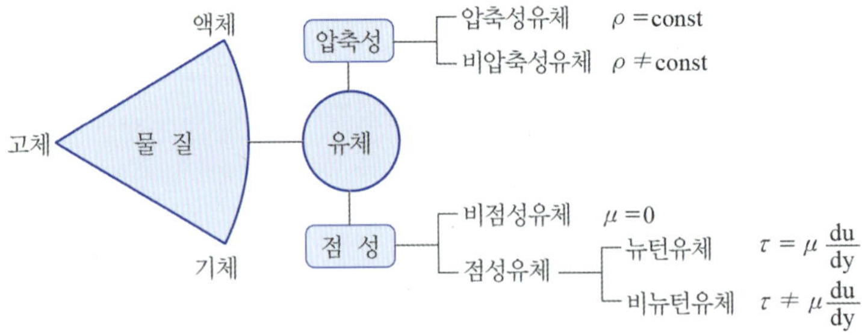

그림 3.4 유체 분류의 개념

2) 분류

구분	종류	특성
압축	압축성유체	• 온도나 압력에 따라 밀도가 변화 = 기체 • 온도가 상승하면 밀도는 감소하고 압력이 상승하면 밀도가 높아진다.
	비압축성유체	• 온도나 압력이 변해도 밀도가 일정 = 액체
점성	점성유체	• 점성이 있어 전단응력이 발생하는 유체
	비점성유체	• 점성이 없는 전단응력이 발생하지 않는 가상의 유체
이론	이상유체	• 비압축성이고 점성이 없는 유체 • 온도나 압력이 변해도 밀도가 일정하고 마찰손실이 없는 가상의 유체
	실제유체	• 압축성이고 점성이 있는 유체 • 온도나 압력에 따라 밀도가 변하고 마찰손실이 있는 유체

실전문제

유체에 관한 설명으로 옳지 않은 것은?

① 실제유체는 유동할 때 마찰로 인한 손실이 생긴다.
② 이상유체는 높은 압력에서 밀도가 변화하는 유체이다.
③ 유체에 압력을 가하면 체적이 줄어드는 유체는 압축성 유체이다.
④ 전단력을 받았을 때 저항하지 못하고 연속적으로 변형하는 물질을 유체라 한다.

풀이

이상유체는 비압축성 유체로서 압력에 따라 밀도가 변하지 않는다.

정답 ②

일반적인 유체에 관한 설명으로 옳지 않은 것은?

① 작은 전단력에도 저항하지 못하고 쉽게 변형한다.
② 유체가 정지상태에 있을 때에는 전단력을 받지 않는다.
③ 일반적으로 액체의 전단력은 온도가 올라갈수록 증가한다.
④ 유체에 작용하는 압력은 절대압력과 계기압력으로 구분할 수 있다.

풀이

일반적으로 액체의 온도가 올라가면 전단력은 감소한다.

정답 ③

3-2 질량과 밀도

1. 질량과 중량	#질량 #mass #질량원기 #중량 #weight
2. 밀도와 비체적	#밀도 #density #비체적 #specific volume
3. 비중량과 비중	#비중량 #specific weight #비중 #specific gravity
4. 힘의 평형	#힘의 3요소 #작용점 #힘의 합성 #힘의 평형 #작용선

1 질량과 중량

1) 질량 mass

- 질량은 물리학에서 물질이 가지고 있는 불변의 고유한 양이다.
- 질량은 SI의 7개 기본단위 중 1개로써 단위는 킬로그램[kg]을 사용한다.

2) 질량에 대한 정의의 변천

- 1795~1901년 : 4℃의 물 1 L의 질량
- 1901~2018년 : 1 kg에 해당하는 질량원기를 표준으로 한다.
- 2018~ 현재 : 플랑크상수가 특정 값이 되도록 하는 값이다.

2) 중량 weight

- 물체와 지구 사이에 생기는 인력을 중력이라 한다.
- 이 중력이 물체를 질량과 비례하여 지구의 중심방향으로 끌어 당기는 힘의 양을 중량이라 한다.

2 밀도와 비체적

1) 밀도 density

- 밀도는 단위부피당의 질량을 나타내는 값이다.

- 즉 밀도가 클수록 동일한 부피에서 질량이 커진다.

$$\rho = \frac{m}{V}$$

ρ	: 밀도	[kg/m^3]
m	: 질량	[kg]
V	: 체적	[m^3]

2) 비체적 specific volume

- 비체적은 밀도의 역수로써 단위질량당의 부피를 나타낸다.

3 비중량과 비중

1) 비중량 specific weight

- 비중량은 단위 부피 당의 중량을 나타내는 값이다.
- 즉 비중량이 클수록 동일한 부피에서 중량이 커진다.

$$\gamma = \frac{W}{V} = \frac{m \cdot g}{V} = \rho \cdot g$$

γ	: 비중량	[N/m^3]
W	: 중량	[N]
g	: 중력가속도	[m/s^2]
ρ	: 밀도	[kg/m^3]
m	: 질량	[kg]
V	: 체적	[m^3]

2) 비중 specific gravity

- 기준이 되는 물질과의 질량비(=중량비)이다.
- 기체는 공기를, 액체는 물을 기준으로 하여 비중을 정한다.

항목	물	공기
밀도	1,000 kg/m^3	1.19 kg/m^3
비중	1	1

실전문제

비중 0.6인 물체가 비중 0.8인 기름 위에 떠 있다. 이 물체가 기름 위에 노출되어 있는 부분은 전체 부피의 몇 %인가?

① 20 ② 25 ③ 30 ④ 35

풀이

$\frac{V_{물체의\ 잠긴}}{V_{물체의\ 전체}} = \frac{S_{물체}}{S_{액체}}$ 에서, $\frac{V_{물체의\ 잠긴}}{V_{물체의\ 전체}} = \frac{0.6}{0.8} = 75\%$ 이므로, .

정답 ②

비중 0.92인 빙산이 비중 1.025의 바닷물 수면에 떠 있다. 수면 위에 나온 빙산의 체적이 150 m^3이면 빙산의 전체적은 약 몇 m^3인가?

① 1314 ② 1464 ③ 1725 ④ 1875

풀이

- $\frac{V_{물체의\ 잠긴}}{V_{물체의\ 전체}} = \frac{S_{물체}}{S_{액체}}$ 에서, $\frac{V_{물체의\ 잠긴}}{V_{물체의\ 전체}} = \frac{0.92}{1.025} = 0.8976$ 이므로
- $\frac{V_{잠긴}}{V_{전체}} = \frac{V_{전체} - V_{잠기지\ 않은}}{V_{전체}} = 1 - \frac{V_{잠기지\ 않은}}{V_{전체}} = 0.8976$
- $V_{전체} = \frac{V_{잠기지\ 않은}}{1-0.8976} = \frac{150}{1-0.8976} = 1464.84$

정답 ②

4 힘의 평형

1) 힘의 3요소

- 크기 • 방향 • 작용점

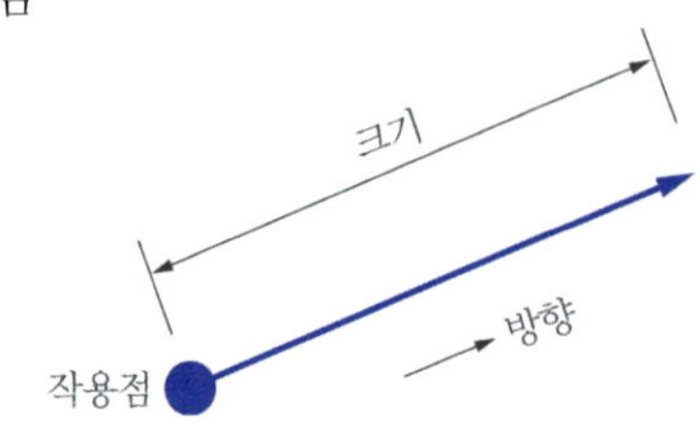

그림 3.5 힘의 3요소

2) 힘의 측정

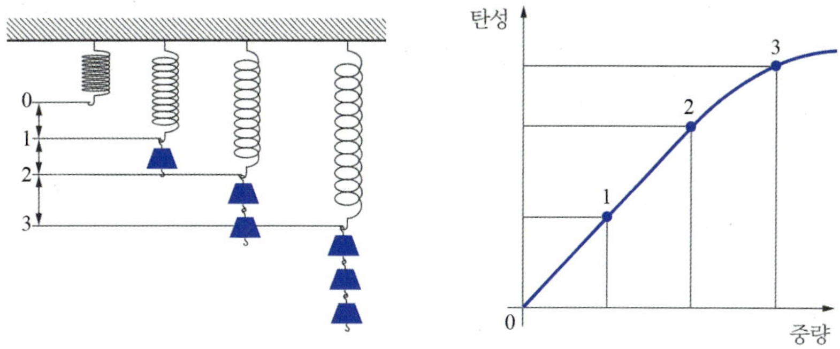

그림 3.6 힘의 비례

3) 둘 이상의 힘

(1) 합성

- 둘 이상의 힘이 동시에 작용하는 경우 하나의 힘으로 합성할 수 있다.

(2) 방향이 같은 힘

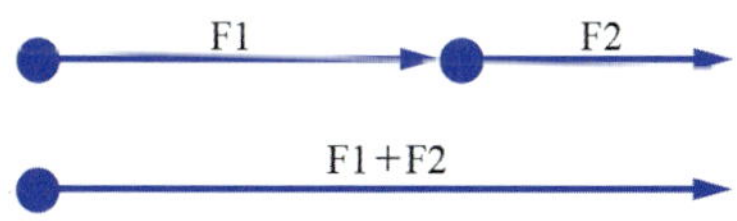

그림 3.7 방향이 같은 힘

(3) 방향이 반대인 힘

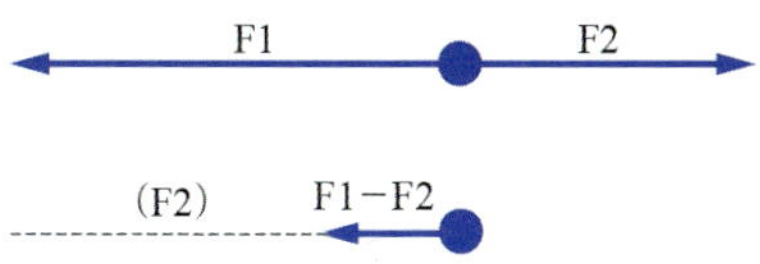

그림 3.8 방향이 반대인 힘

(4) 방향이 다른 힘

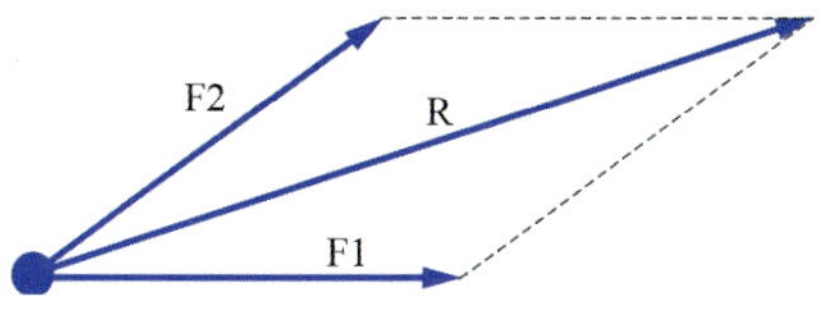

그림 3.9 방향이 다른 힘

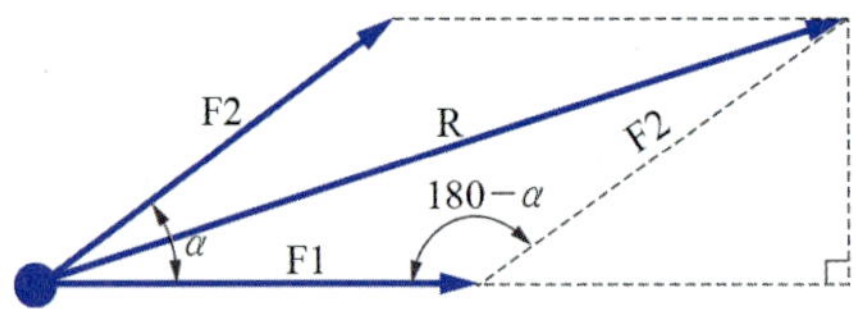

그림 3.10 방향이 다른 힘의 합력

- $R^2 = (F_2\sin\alpha)^2 + (F_1 + F_2\cos\alpha)^2$

$$= F_2^2\sin^2\alpha + F_1^2 + 2F_1F_2\cos\alpha + F_2^2\cos^2\alpha$$

$$= F_2^2 + F_1^2 + 2F_1F_2\cos\alpha$$

1) 힘의 평형

(1) 이해

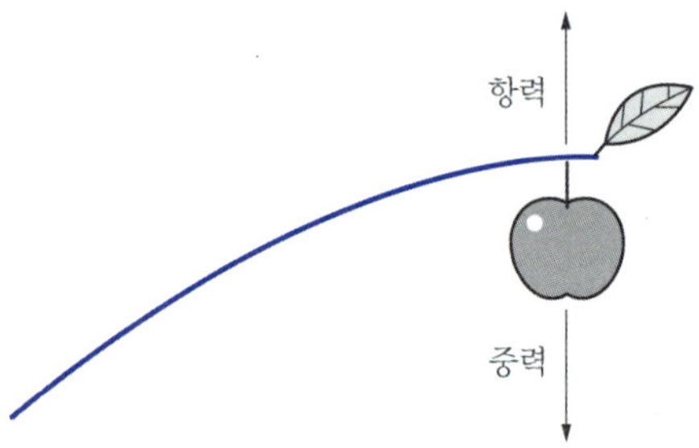

그림 3.11 힘의 평형

- 물체가 정지 또는 등속운동 한다면 힘의 평형이 이루어진 상태이다.

(2) 평형의 조건

- 두 힘의 크기가 같다.
- 두 힘의 방향이 반대이다.
- 두 힘의 작용점이 같다.

3-3 온도와 압력

1. 온도(Temperature)	온도 #섭씨 #화씨 #캘빈 #랭킨 #물의 빙점 #물의 비점 #절대0도
2. 압력(Pressure)	압력 #절대압 #게이지압 #압력계 #진공계 #연성계 #압력의 변환

1 온도 Temperature

1) 온도의 종류

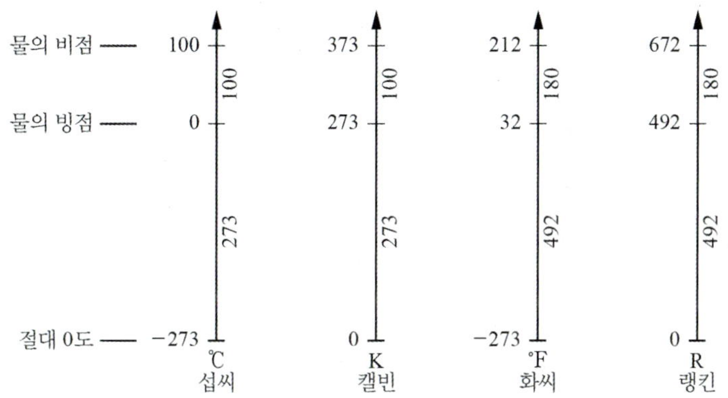

그림 3.12 온도의 종류

2) 온도의 변환

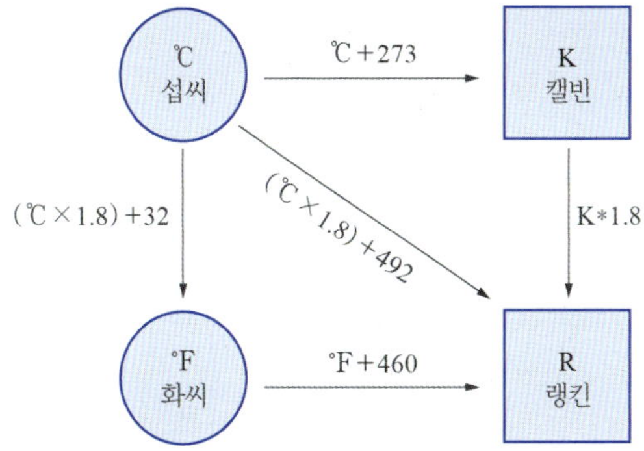

그림 3.13 온도의 변환

2 압력 Pressure

1) 정의

- 단위면적당 가해지는 힘
- 1 m^2에 1 N의 힘이 가해는 경우의 압력을 1 Pa(파스칼)이라 한다.

2) 절대압과 게이지압

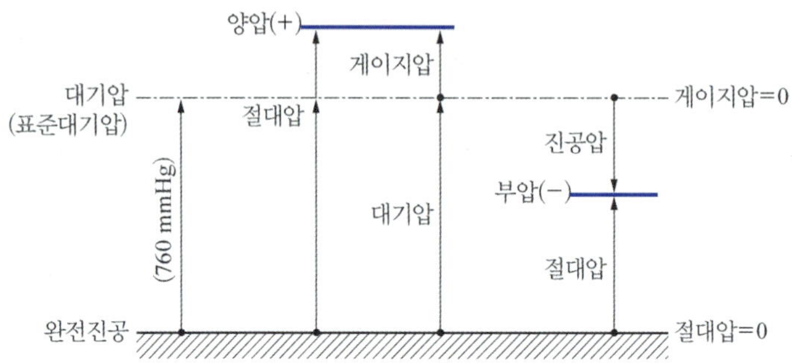

그림 3.14 절대압과 게이지압

3) 압력계와 연성계

그림 3.15 압력계와 연성계

4) 압력의 변환

$$1\ \text{atm} = 1.033\ \text{kg}_f/\text{cm}^2 = 10{,}332_f/\text{m}^2$$

$$= 10.332\ \text{mAq} = 10{,}332\ \text{mmAq}$$

$$= 760\ \text{mmHg}$$

$$= 0.101325\ \text{MPa} = 101.325\ \text{kPa} = 101{,}325\ \text{Pa}$$

$$= 1{,}013\ \text{mbar}$$

연습문제

01 유체를 정의하기 위한 일반적인 특성으로 잘못된 것은?

① 액체, 기체 또는 고체로 존재한다.
② 정지상태에서는 전단력이 없다.
③ 적은 외력에도 형태나 모양이 쉽게 바뀐다.
④ 일반적인 실제유체는 점성을 가지고 있다.

정답 ①
풀이 유체는 일반적으로 액체, 기체 또는 증기로 존재한다.

02 다음 중 과거 또는 현재의 질량 1 kg에 대한 정의로 거리가 먼 것은?

① 4℃의 물 1 L의 질량
② 1 kg에 해당하는 질량원기
③ 100℃의 수증기 1 L의 질량
④ 플랑크상수 h가 $6.62607015 \times 10^{-34}$ [J · s]이 되도록 하는 값

정답 ③
풀이 현재는 '플랑크상수 h가 $6.62607015 \times 10^{-34}$[J · s]이 되도록 하는 값'으로 정의한다.

02 다음 중 압력에 대한 설명으로 옳은 것은?

① 지표상의 기준압력은 진공상태의 압력이다.
② 표준대기압은 수주를 14.7 m까지 세울 수 있는 압력이다.
③ 양압과 부압을 동시에 측정하기 위해서는 진공계를 설치하여야 한다.
④ 표준대기압에 게이지압을 더하면 양압의 절대압을 구할 수 있다.

정답 ④
풀이 지표상의 기준압력은 표준대기압이다.
표준대기압은 이론상 수주를 10.332 m까지 세울 수 있는 압력이다.
양압과 부압을 동시에 측정하기 위해서는 연성계를 설치한다.

학습정리

1. 유체의 정의

- 액체, 기체 또는 증기로 존재한다.
- 정지상태에서는 접선력, 전단력이 없다.
- 아주 미소한 외력에도 저항 없이 형태와 모양이 쉽게 바뀐다.

2. 유체의 분류

- 압축성유체는 압력에 따라 부피가 변한다.
- 비압축성유체는 압력이 변해도 부피가 변하지 않는다.
- 점성유체는 관 벽에 가까워질수록 전단응력에 의해 속도가 감소한다.
- 비점성유체는 관 전체에서 동일한 유속을 나타낸다.
- 뉴턴유체는 관 벽에서의 거리에 따라 일정한 속도변화를 나타낸다.
- 비뉴턴유체는 관 벽에서의 거리에 따른 속도변화가 일정하지 않다.
- 이상유체는 비압축성이고 점성이 없어 밀도가 일정하고 마찰손실이 없다.
- 실제유체는 압축성이고 점성이 있어 밀도가 변하고 마찰손실이 발생한다.

3. 질량과 중량

- 질량은 물질이 가지고 있는 불변의 고유한 양이다.
- 중량은 질량에 비례하여 지구중심으로 끌어당겨지는 힘이다.

4. 밀도와 비체적

- 밀도는 단위부피당의 질량을 나타내는 값이다.
- 비체적은 밀도의 역수로 단위질량당 부피를 나타낸다.

5. 비중량과 비중

- 비중량은 단위부피당의 중량을 나타내는 값이다.
- 비중은 기준이 되는 물질과의 무게 비를 나타낸다.

6. 힘의 평형

- 힘의 3요소는 작용점, 방향, 크기
- 두 힘이 평형을 이루기 위해서는 작용점과 크기가 같고 반대 방향이어야 한다.

7. 온도와 압력

- 온도는 상대온도인 섭씨와 화씨, 절대온도인 캘빈온도와 랭킨온도가 있다.
- 압력은 단위면적당 가해지는 힘으로 SI단위는 파스칼[Pa]을 사용한다.

CHAPTER

04

유체의 성질 2

학습목표

- 점성계수와 동점성계수에 대해 설명할 수 있다.
- 표면장력과 모세관현상에 대해 설명할 수 있다.
- 체적탄성과 운동량에 대해 설명할 수 있다.

학습목차

복습점검

1. 유체는 기체, 액체 또는 고체로 존재한다.

   답 × 작은 외력에도 모양이 쉽게 변하는 유체는 기체, 액체로 존재한다.

2. 질량 1 kg은 100℃ 의 물 1 L의 질량과 같다.

   답 × 질량 1 kg은 4℃의 물 1 L의 질량과 같다.

3. 양압과 부압을 동시에 측정하기 위해서는 연성계를 설치한다.

   답 ○ 양압은 압력계, 부압은 진공계, 두 압을 동시에 측정하는 경우에는 연성계를 설치한다.

4-1 점성계수와 동점성계수

1. 압력의 계산	#양압 #부압 #계기압력 #게이지압 #절대압 #연성계
2. 점성계수와 동점성계수	#점성계수 #동점성계수 #밀도 #점성효과 #속도기울기
3. Stokes의 법칙	#스토크스의 법칙 #stokes #종단속도 #중력 #부력 #항력 #자유낙하

1 압력의 계산

1) 양(+)압의 계산

$$P_t = P_a + P_g$$

P_t : 양(+)압의 절대압 [Pa]
P_a : 대기압 [Pa]
P_g : 게이지압 [Pa]

실전문제

그림과 같이 밀폐된 용기 내 공기의 계기압력은 몇 Pa인가?

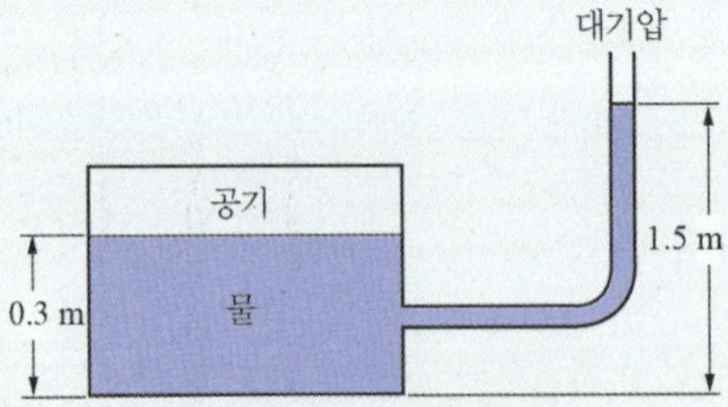

그림 4.1 압력계산

① 1,200 ② 1,500 ③ 11,760 ④ 14,700

풀이

$$P_{게이지압} = (1.5-0.3)\,\text{mAq}$$
$$= 1.2\ \text{mAq} \times \frac{101325\ \text{Pa}}{10.332\ \text{mAq}} = 11768.292$$

정답 ③

기압계에 나타난 압력이 740 mmHg 인 곳에서 어떤 용기 속의 계기압력이 600 kPa이었다면 절대압력으로는 몇 kPa인가?

① 501 ② 526 ③ 674 ④ 699

풀이

$P_{절대압} = P_{대기압} + P_{게이지압}$ 이므로

$P_{절대압} = (740\ \text{mmHg} \times \frac{101.325\ \text{kPa}}{760\ \text{mmHg}}) + 600 = 698.6585$

정답 ④

2) 부(-)압의 계산

$$P_t = P_a - P_g$$

P_t : 부(-)압의 절대압 [Pa]

P_a : 대기압 [Pa]

P_g : 진공압 [Pa]

실전문제

기압계에 나타난 압력이 800 mmHg 인 곳에서 어떤 용기 속의 연성계 계기압력이 -50 kPa이었다면 절대압력으로는 몇 kPa인가?

① 5.67 ② 56.66 ③ 566.58 ④ 5665.78

풀이

$P_{절대압} = P_{대기압} + P_{게이지압}$ 이므로

$P_{절대압} = (800\ \text{mmHg} \times \frac{101.325\ \text{kPa}}{760\ \text{mmHg}}) + (-50) = 56.65789$

정답 ②

2 점성계수와 동점성계수

1) 점성계수

- 유체의 점성으로 인해 흐름에 저항하는 정도를 정량적으로 나타내는 계수
- 점성계수가 클수록 마찰손실도 커진다.

2) 동점성계수

- 점성계수를 밀도로 나누어 구한다.
- 유체 내부에서 점성효과가 확산되어지는 속도이다.

$$\nu = \frac{\mu}{\rho}$$

ν	: 동점성계수	$[m^2/s]$
μ	: 점성계수	$[kg/m \cdot s]$
ρ	: 밀도	$[kg/m^3]$

- 밀도가 일정한 비압축성 유체의 점성특성을 일원화하여 표현한다.

실전문제

점성계수가 0.08 kg/m·s이고 밀도가 800 kg/m^{3}인 유체의 동점성계수는 몇 m^2/s인가?

① 0.0001 ② 0.08 ③ 1.0 ④ 8.0

풀이

동점성계수 μ = 점성계수 $\nu \times$ 밀도 ρ에서 이므로

$$\nu = \frac{\mu}{\rho} = \frac{0.08}{800} = 0.0001\ m^2/s = 1\ cm^2/s$$

정답 ③

지름이 10 cm인 실린더 속에 유체가 흐르고 있다. 벽면으로부터 가까운 곳에서 수직거리가 $v = 5y - y^2$ m/s로 표시된다면 벽면에서의 마찰전단 응력은 몇 Pa인가? (단, 유체의 점성계수 $\mu = 3.82 \times 10^{-2}$ N·s/m^2)

① 0.191 ② 0.38 ③ 1.95 ④ 3.82

풀이

속도기울기 $\frac{du}{dy}$를 벽면($y = 0$)에서

$u = 5y - y^2$을 미분하면 $5y^0 - 2y^1$

$y = 0$ 이므로 $5 - 2y = 5\ [s^{-1}]$

$$\tau = \mu \frac{du}{dy} = 3.82 \times 10^{-2} \times 5 = 0.191\ N/m^2$$

정답 ①

3 Stokes의 법칙

1) 정의

- 유체동역학에서 유체가 물체에 가하는 마찰력을 계산하는 식이다.
- 스토크스의 법칙을 만족하기 위한 조건
  - 낮은 레이놀즈 수의 층류
  - 균일한 입자
  - 매끄러운 표면

2) 종단속도

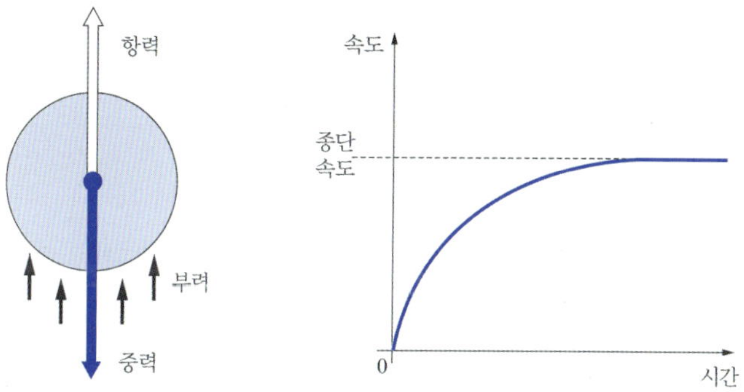

그림 4.2 종단속도

- 유체 속에서 자유낙하 하는 물체의 낙하속도는 중력에 의해 증가하고 항력 및 부력에 의해 감소한다.
- '중력에 의한 힘 = 항력 + 부력에 의한 힘 일 때 속도가 일정해지는 때를 종단속도라 한다.

3) 계산

$$v_s = \frac{d^2 g\,(\rho_p - \rho_f)}{18\,\mu}$$

v_s	: 종단속도	[m/s]
d	: 지름	[m]
g	: 중력가속도	[m/s^2]
ρ_p	: 입자의 밀도	[kg/m^3]
ρ_f	: 유체의 밀도	[kg/m^3]
μ	: 유체의 점성계수	[kg/m · s]

실전문제

유체 내에서 쇠구슬의 낙하속도를 측정하여 점도를 측정하고자 한다. 점도가 μ_1, μ_2인 두 유체의 밀도가 각각 ρ_1, ρ_2 $(\rho_2 > \rho_1)$일 때 낙하속도 $u_2 = \frac{1}{2}u_1$이면, 다음 중 맞는 것은? (단, 항력은 Stokes의 법칙을 따른다.)

① $\mu_2/\mu_1 < 2$　　② $\mu_2/\mu_1 = 2$

③ $\mu_2/\mu_1 > 2$　　④ 주어진 정보만으로 결정할 수 없다.

풀이

Stokes의 법칙에서, $v = \dfrac{d^2(\gamma_b - \gamma)}{18\mu}$이므로,

$v_1 = \dfrac{d^2 g(\rho_b - \rho_1)}{18\mu_1}$, $v_2 = \dfrac{d^2 g(\rho_b - \rho_2)}{18\mu_2}$이고, $v_1 = 2v_2$이므로,

$\dfrac{d^2 g(\rho_b - \rho_1)}{18\mu_1} = \dfrac{2d^2 g(\rho_b - \rho_2)}{18\mu_2}$이다. 양변을 약분하면,

$\dfrac{(\rho_b - \rho_1)}{\mu_1} = \dfrac{2(\rho_b - \rho_2)}{\mu_2}$,

$\dfrac{\mu_2}{\mu_1} = \dfrac{2(\rho_b - \rho_2)}{(\rho_b - \rho_1)} = 2 \times \dfrac{\rho_b - \rho_2}{\rho_b - \rho_1}$,

여기서, $\rho_2 > \rho_1$이므로

정답 ①

4-2 표면장력과 모세관현상

1. 표면장력	#표면장력 #인장력 #압축력 #봉상, 적상, 분무상, 침투제, 증점제
2. 모세관현상	#응집력 #부착력 #모세관현상 #접촉각

1 표면장력

1) 정의

- 유체의 내부압력에 대응하여 표면을 최소화하려는 힘이다.
- 표면의 외주선상에 작용하여 단위는 N/m

2) 해석

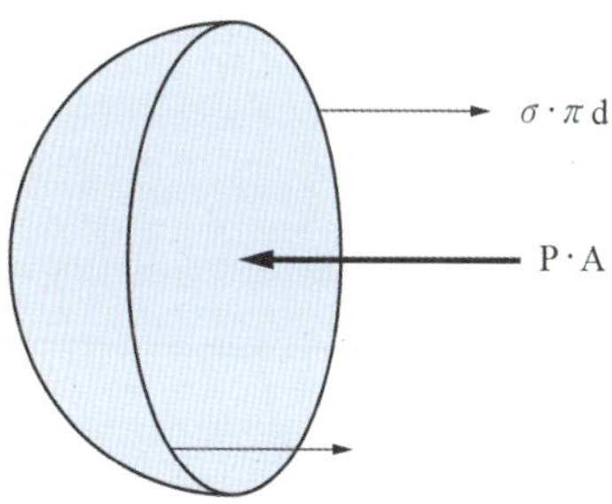

그림 4.3 표면장력

- σ에 의한 인장력 = P에 의한 압축력이므로,

$$F = P \cdot A$$

$$\Rightarrow \sigma\pi d = P \cdot \frac{\pi d^2}{4}$$

$$\Rightarrow \sigma = \frac{Pd}{4}$$

$$\sigma = \frac{Pd}{4}$$

σ	: 표면장력	[N/m]
P	: 압력	[N/m^2]
d	: 지름	[m]

3) 수계소화설비에서 표면장력

- 물의 높은 표면장력으로 인해 봉상, 적상 등 다양한 형태의 주수가 가능하다.
- 분무상의 주수가 필요한 경우에는 큰 운동에너지를 가하여 표면장력을 파괴하여야 한다.
- 침투제는 물의 표면장력이 낮추어 침투력을 높여 심부화재에 대응한다.
- 증점제는 물의 표면장력을 높여 부착력이 우수해 미연소 부분의 보호가 가능하다.

실전문제

직경이 40 mm 인 비눗방울의 내부초과압력이 30 N/m^{2}일 때 비눗방울의 표면장력은 몇 N/m인가?

① 0.075 ② 0.15 ③ 0.2 ④ 0.3

풀이

표면장력$\sigma = \dfrac{\Delta Pd}{4} = \dfrac{30 \times 0.04}{4} = 0.3\,\mathrm{N/m}$

정답 ④

2 모세관현상

1) 정의

- 얇은 관을 통해 액주를 세우면 관벽에서의 부착력이 액체의 중량보다 커지는 경우 관벽에서의 액위가 상승하는 현상
- 응집력이 큰 수은은 아랫방향으로, 부착력이 큰 물은 윗방향으로 접촉각이 형성된다.

2) 해석

- $\sum F_y = 0$이므로,
- 표면장력에 의한 수직방향의 분력 = 상승된 액체만큼의 중량

$$\hookrightarrow \sigma \cdot \pi d \cdot \cos\beta = \frac{\pi d^2}{4} \cdot h \cdot \gamma$$

$$\Rightarrow h = \frac{\sigma \cdot \pi d \cdot \cos\beta \cdot 4}{\pi d^2 \cdot \gamma} = \frac{4 \cdot \sigma \cdot \cos\beta}{\gamma \cdot d}$$

여기서, σ : 표면장력 [N/m]

β : 접촉각 [°]

γ : 비중량 [N/m³]

d : 모세관 직경 [m]

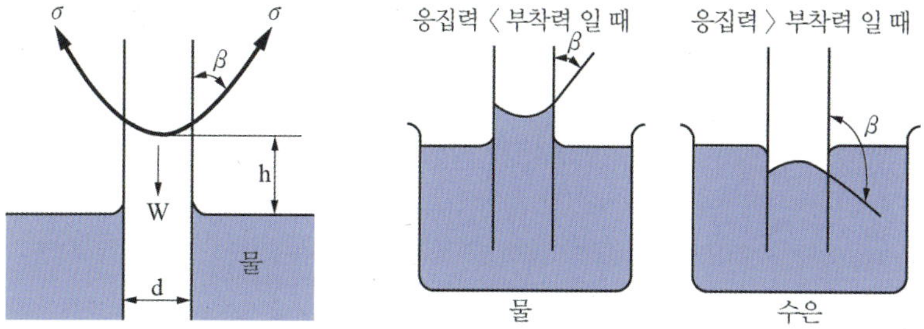

그림 4.4 모세관현상

실전문제

액체 분자들 사이의 응집력과 고체면에 대한 부착력의 차이에 의하여 관내 액체표면과 자유표면 사이에 높이 차이가 나타나는 것과 가장 관계가 깊은 것은?

① 관성력 ② 점성 ③ 뉴턴의 마찰법칙 ④ 모세관현상

풀이

얇고 높은 관에 담긴 액체의 응집력과 관벽에서의 부착력에 의해 관벽쪽의 액위가 높아지는 현상을 모세관현상이라 한다.

정답 ④

양끝이 열린 가는 유리관을 물에 수직으로 세우면 표면장력에 의하여 물이 상승하지만 수은에서는 오히려 하강한다. 이러한 차이가 나타나는 원인은?

① 밀도의 차이 ② 접촉각의 차이

③ 공기와 액체 분자의 부착력 차이 ④ 점성계수의 차이

풀이

모세관의 액위상승 높이 $h = \dfrac{4\sigma\cos\theta}{\gamma d}$

정답 ②

안지름 1 mm 의 모세관을 표면장력 0.075 N/m의 물속에 세울 때 물이 올라가는 높이는 약 몇 mm인가? (단, 접촉각은 매우 작다고 가정하라.)

① 10 ② 30 ③ 50 ④ 80

풀이

$$h = \frac{4\sigma\cos\theta}{\gamma d} = \frac{4\times0.075\times\cos 0}{9800\times0.001} = 0.0306\ \text{m}$$

정답 ②

4-3 체적탄성과 운동량

1. 체적탄성	#검사체적 #표면력 #체적력 #뉴턴의 운동제2법칙 #체적탄성계수 #압축률 #
2. 운동량방정식	#운동량방정식 #충격력 #역적 #운동량 #질량유량

1 체적탄성

1) 검사체적

- 유체역학에서 물리현상에 대한 수학적 증명을 위해 사용한다.

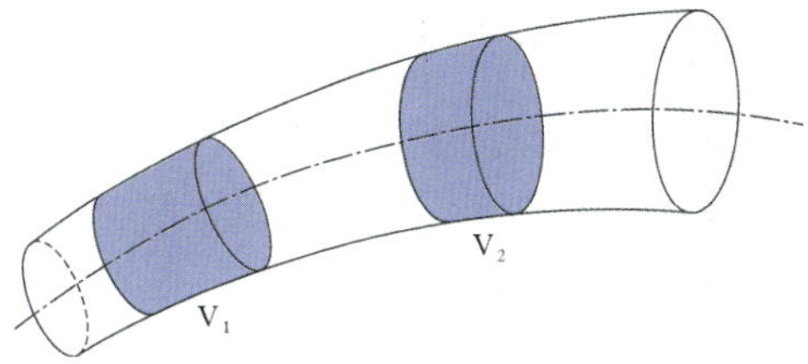

그림 4.6 검사체적

- 부피는 변하지 않지만 질량, 운동량, 에너지 등의 물리량은 유동적인 가상의 체적이다.
- 유체에는 전단응력, 표면장력과 같은 표면력과 중력, 점성력과 같은 체적력이 작용한다.

실전문제

검사체적(control volume)에 대한 운동량방정식의 근원이 되는 법칙 또는 방정식은?

① 질량보존의 법칙　　② 연속방정식
③ 베르누이 방정식　　④ 뉴턴의 운동 제2법칙

풀이

힘 $F =$ 질량 $[m] \times$ 가속도 $[a]$

질량체에 작용하는 힘의 크기에 따라 속도변화율은 비례한다.

정답 ④

2) 체적탄성계수

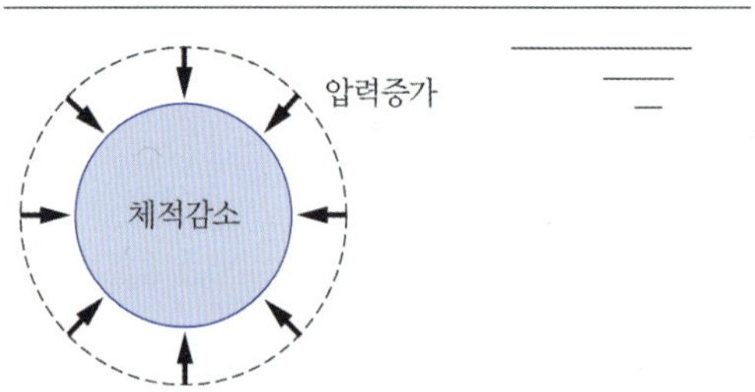

그림 4.7 체적탄성

- 외력에 의한 물체의 부피변화에 저항하는 강성을 정량화하는 계수이다.

$$K = \frac{1}{\beta} = \frac{\Delta P}{\Delta V / V}$$

K	:	체적탄성계수	[N/m²]
β	:	압축률	[m²/N]
P	:	압력	[N/m²]
V	:	체적	[m³]

- 체적탄성계수가 클수록 외부의 압력에 의한 부피감소가 적어진다.
- 비압축성유체는 체적탄성계수가 무한대이다.

실전문제

직체적탄성계수가 2.1475 × 10^9 Pa 인 물의 체적을 0.25% 압축시키려면 몇 Pa의 압력이 필요한가?

① 4.93×10^5 ② 6.75×10^5 ③ 4.23×10^6 ④ 5.37×10^6

풀이

체적탄성계수 $K = \frac{1}{\text{압축률}\,\beta} = \frac{\Delta P}{(\Delta V/V)}$ 에서

$\Delta P = \frac{\Delta V / V}{\beta} = K(\Delta V/V)$

$= 2.1475 \times 10^9 \times 0.0025 = 5.3687 \times 10^6$

정답 ④

체적탄성계수가 2 × 10^9 Pa 인 물의 체적을 3% 압축시키려면 몇 MPa의 압력을 가하여야 하는가?

① 25 ② 30 ③ 45 ④ 60

풀이

체적탄성계수 $K = \frac{1}{\text{압축률}\beta} = \frac{\Delta P}{(\Delta V/V)}$ 에서

$\Delta P = \frac{\Delta V/V}{\beta} = K(\Delta V/V)$

$= 2 \times 10^9 \times 0.03 = 6 \times 10^7$ [Pa]

정답 ④

2 운동량방정식

1) 정의

- 뉴턴의 제2법칙을 통해 물체의 운동량을 기술하는 방정식이다.
- 동수역학에서 관로에 작용하는 충격력을 구할 수 있다.

2) 계산

$$F = ma = m\frac{(v_2 - v_1)}{\Delta t}$$

F	: 힘	[N]
m	: 질량	[kg]
a	: 압력	[N/m^2]
v	: 체적	[m^3]
t	: 시간	[s]

$$F\Delta t = m(v_2 - v_1)$$

- 위 식을 운동량방정식이라 한다.
- 좌항을 역적(impulse), 우항을 운동량(momentum)이라 한다.

3) 동수역학에서의 운동량방정식

- 질량유량은 체적유량에 밀도를 곱하여 얻어진다.

$$\dot{m} = \rho Q = \frac{\gamma_w}{g} Q$$

$\dot{m}$	:	질량유량	[kg/s]
ρ	:	밀도	[kg/m^3]
Q	:	체적유량	[m^3/s]
γ_w	:	물의 비중량	[N/m^3]
g	:	중력가속도	[m/s^2]

- 단위시간당 힘은 다음과 같다.

$$F = \frac{\gamma_w}{g} Q\left(v_2 - v_1\right)$$

F	:	단위시간당 힘	[N]
v	:	속도	[m/s]
Q	:	체적유량	[m^3/s]
γ_w	:	물의 비중량	[N/m^3]
g	:	중력가속도	[m/s^2]

실전문제

유체에 작용하는 힘과 운동량방정식에 관한 설명으로 옳지 않은 것은?

① 유체에 작용하는 전단응력은 체적력에 해당한다.
② 유체에 작용하는 힘에는 체적력과 표면력이 있다.
③ 운동량방정식은 등속운동을 하는 관성좌표계의 경우에도 적용된다.
④ 운동량방정식은 검사체적에 주어진 힘과 운동량 변화율과의 관계를 설명한다.

풀이

$\tau = \mu \frac{du}{dy}$

전단응력은 단위면적당 가해지는 힘으로 표면력에 해당한다.

정답 ①

단면적이 일정한 물 분류가 속도 20 m/s, 유량 0.3 m^3/s로 분출되고 있다. 분류와 같은 방향으로 10 m^3/s의 속도로 운동하고 있는 철판에 이 분류가 수직으로 충돌할 경우 판에 작용하는 충격력은 몇 N인가?

① 1,500　② 2,000　③ 2,500　④ 3,000

풀이

$$A_1 = A_2 = \frac{Q_1}{v_1} = \frac{0.3}{20} = 0.015\ \text{m}^2$$

$$Q = Q_1 - Q_2 = A_1 v_1 - A_2 v_2 = 0.015 \times (20 - 10) = 0.15\ [\text{m}^3/\text{s}]$$

$$F = \rho Q(v_1 - v_2) = \rho A V(v_1 - v_2)$$

$$= 1000\ \text{kg/m}^3 \times 0.15\ \text{m}^3/\text{s} \times (20\ \text{m/s} - 10\ \text{m/s}) = 1500\ \text{kg} \cdot \text{m/s}^2$$

정답 ①

연습문제

01 유체의 점성에 대한 다음 설명으로 옳은 것은?

① 점성계수가 클수록 마찰손실이 작아진다.
② 점성계수에 밀도를 곱하여 동점성계수를 구한다.
③ 비압축성유체의 점성계수와 동점성계수는 역의 관계이다.
④ 동점성계수는 점성계수를 밀도로 나누어 구한다.

정답 ④
풀이 동점성계수ν = 점성계수μ / 밀도ρ

02 유체의 표면장력에 대한 설명으로 거리가 먼 것은?

① 유체의 내부압력에 대응하여 표면을 최소화하려는 힘이다.
② 외주선에 작용하는 표면력으로 단위는 N/m이다.
③ 물은 표면장력이 높아 봉상 주수가 가능하다.
④ 증점제를 통해 표면장력을 높이면 침투력을 높일 수 있다.

정답 ④
풀이 침투제를 첨가하면 표면장력이 낮아져 심부화재로의 침투력이 높아진다.

03 유체의 외압에 의한 체적변화에 대한 설명이다. 잘못된 설명을 고르시오.

① 뉴턴의 운동제2법칙은 검사체적에 대한 운동량방정식의 근원이 된다.
② 질량유량은 체적유량에 밀도를 곱해 얻어진다.
③ 비압축성유체는 체적탄성계수가 0 이다
④ 외압에 의한 체적변화에 저항하는 강성을 체적탄성계수로 나타낸다.

정답 ③
풀이 비압축성유체의 체적탄성계수는 무한대이다.

학습정리

1. 점성계수와 동점성계수

- 점성계수는 유체가 흐름에 저항하는 정도를 정량적으로 나타낸다.
- 동점성계수는 점성계수를 밀도로 나누어 구한다.
- 유체 내부에서 점성효과가 확산되어지는 속도이다.

2. Stokes의 법칙

- 유체동역학에서 유체가 물체에 가하는 마찰력을 계산하는 식이다.
- 스토크스 법칙 조건
  - 낮은 레이놀즈 수의 층류
  - 균일한 입자
  - 매끄러운 표면
- '중력에 의한 힘 = 항력 + 부력에 의한 힘'일 때 속도가 일정한 종단속도에 이른다.

3. 표면장력

- 유체의 내부 압력에 대응하여 표면을 최소화하려는 힘이다.
- 증점제는 표면장력을 높여 미연소부분을 보호하고 침투제는 표면장력을 낮추어 침투효과를 높인다.

4. 모세관현상

- 얇은 관에서 관벽에서의 부착력이 높아 그 중량만큼 액위가 상승하는 현상이다.
- 응집력이 큰 수은은 아랫방향, 부착력이 큰 물은 윗방향으로 접촉각을 형성한다.

학습정리

5. 체적탄성계수

- 유체역학의 물리현상을 수학적으로 증명하기 위해 검사체적을 사용한다.
- 검사체적은 부피는 변하지 않으나 질량, 운동량, 에너지 등의 물리량은 변한다.
- 유체에는 표면장력과 같은 표면력과 중력과 같은 체적력이 작용한다.
- 체적탄성계수가 클수록 외압에 의한 부피변화가 적어진다.
- 비압축성 유체는 체적탄성계수가 무한대이다.

6. 운동량방정식

- 뉴턴의 제2법칙(가속도의 법칙)을 통해 물체의 운동량을 기술한다.
- 동수역학에서 관로에 작용하는 충격력을 구한다.

CHAPTER

05

유체의 법칙 1

학습목표

- 보일의 법칙 및 샤를의 법칙을 이해하여 설명할 수 있다.
- 보일-샤를의 법칙을 이해하고 관련문제를 풀어낼 수 있다.
- 아보가드로의 법칙을 이해하여 기체상수를 도출해 낼 수 있다.

학습목차

복습점검

1. 유체의 점성계수가 클수록 점성은 커지고 마찰손실은 작아진다.
   답 × 유체의 점성계수가 커지면 점성과 마찰손실이 커진다.
2. 증점제를 통해 표면장력을 높이면 침투력을 높일 수 있다.
   답 × 심부화재에 적응성을 높이는 침투제는 표면장력을 낮춘다.
3. 질량유량은 체적유량에 밀도를 곱해서 얻어진다.
   답 ○ 질량유량 $W=$ 밀도$\rho \times$ 체적유량 Q

5-1 보일-샤를의 법칙

1. 기체의 분자운동론	#분자운동론 #완전탄성충돌, 운동에너지, 열운동, 평균운동에너지
2. 보일의 법칙	#보일의 법칙 #온도 #부피 #압력
3. 샤를의 법칙	#샤를의 법칙 #압력 #온도 #부피
4. 보일-샤를의 법칙	#보일 - 샤를의 법칙 #부피 #압력 #온도

1 기체의 분자운동론

1) 가정

- 분자는 기체로만 존재하여 절대 액화하지 않는다.
- 분자는 질량만 존재하고 부피는 존재하지 않는다.
- 분자는 힘을 주고받지 않는다.
- 분자의 평균운동에너지는 절대온도에만 비례한다.
- 분자는 완전탄성충돌로만 충돌한다.

2) 이해

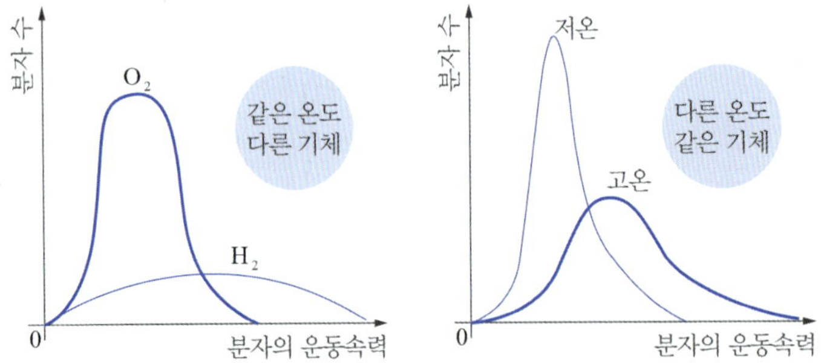

그림 5.1 기체의 분자운동론

- 모든 기체의 분자는 끊임없이 빠르게 운동하고 있으며 그 운동에너지는 온도에 따라 변화한다.
- 이러한 열운동을 바탕으로 기체의 성질을 설명한다.

실전문제

이상기체를 해석하기 위한 기체의 분자운동론에 대한 가정으로 옳은 것은?

① 압력이 높거나 온도가 낮아지면 기체는 액화한다.
② 분자 자신의 질량은 매우 작아 무시할 수 있다.
③ 분자가 충돌할 때 에너지 손실이 발생한다.
④ 분자 자신의 체적은 거의 무시할 수 있다.

풀이

분자는 질량만 존재하고 부피는 존재하지 않는다.

정답 ④

2 보일의 법칙

1) 정의

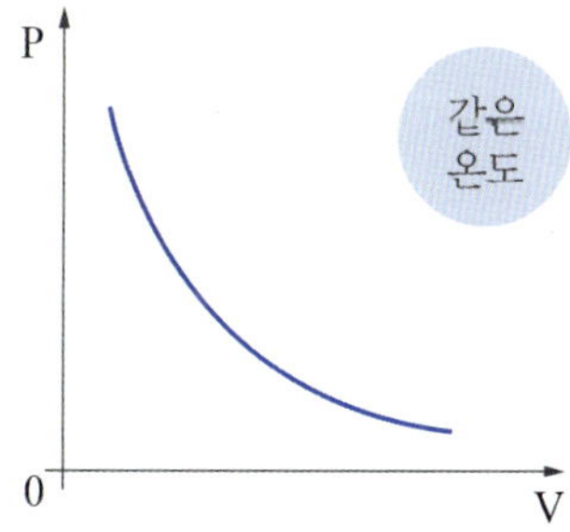

그림 5.2 보일의 법칙

- 기체의 온도가 일정할 때 부피와 압력은 반비례한다.

2) 이해

$$T = const\ ,\ V \propto \frac{1}{P}$$

T	: 절대온도	[K]
P	: 절대압력	[Pa]
V	: 부피	[m^3]

3 샤를의 법칙

1) 정의

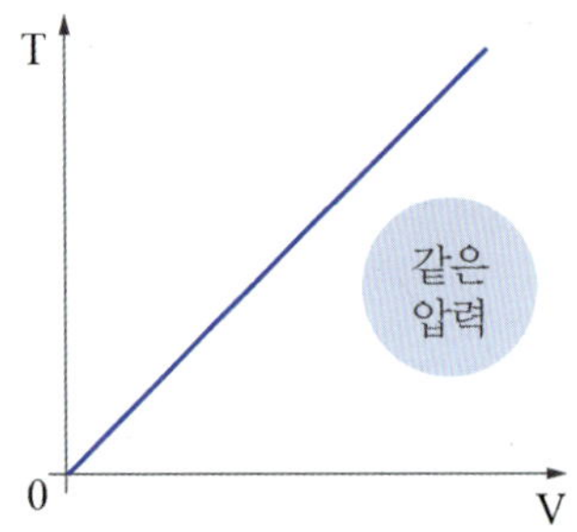

그림 5.3 샤를의 법칙

- 기체의 압력이 일정할 때 온도와 부피는 정비례한다.

2) 이해

$$P = const\ ,\ V \propto T$$

T	:	절대온도	[K]
P	:	절대압력	[Pa]
V	:	부피	[m^3]

4 보일-샤를의 법칙

1) 정의

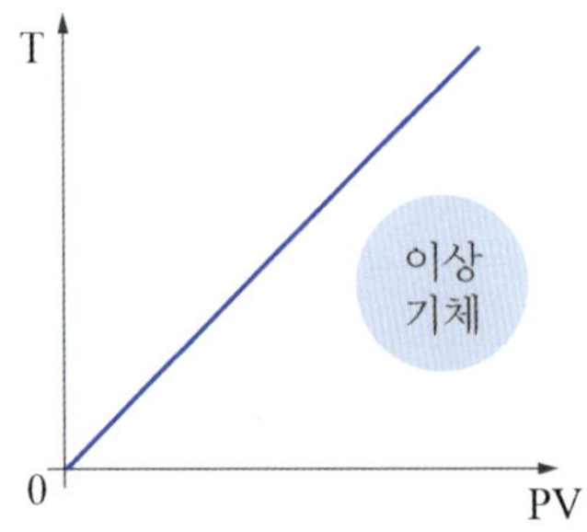

그림 5.4 보일-샤를의 법칙

- 보일의 법칙과 샤를의 법칙을 합하여 정리한 개념이다.
- 기체의 부피와 압력을 곱한 물리량은 절대온도에 정비례한다.

2) 이해

$$\frac{P_1 V_1}{T_1} = \frac{P_2 V_2}{T_2},\ V \propto \frac{T}{P}$$

T	: 절대온도	[K]
P	: 절대압력	[Pa]
V	: 부피	[m^3]

- 온도와 압력은 상대값을 사용하지 않도록 주의한다.
- 각 물리량의 단위는 SI단위로 통일하여 혼선이 없도록 한다.

실전문제

지름이 0.3 m 인 구형 풍선 안에 25℃, 150 kPa 상태의 이상기체가 들어 있다. 풍선을 가열하여 풍선의 지름이 0.4 m로 부풀었다면 이 기체의 최종 온도는 얼마인가? (단, 이 기체의 압력은 풍선의 지름에 정비례한다.)

① 94℃ ② 434℃ ③ 669℃ ④ 942℃

풀이

보일-샤를의 법칙에서

- $\frac{PV}{T} = \text{const},$

$$\frac{P_1 V_1}{T_1} = \frac{P_2 V_2}{T_2},\ T_2 = T_1 \frac{P_2 V_2}{P_1 V_1} = (273+25)\frac{0.4 \times 0.4^3}{0.3 \times 0.3^3} = 668.83$$

정답 ③

압력 200 kPa, 온도 400 K의 공기가 10 m/s 의 속도로 흐르는 지름 10 cm의 원관이 지름 20 cm 인 원관에 연결된 다음 압력 180 kPa, 온도 350 K 로 흐른다. 공기가 이상기체라면 정상 상태에서 지름 20 cm인 원관에서 공기의 속도[m/s]는?

① 2.43 ② 2.50 ③ 2.67 ④ 4.50

풀이

$$Q_1 = AV = \frac{\pi}{4} D^2 V_1 = \frac{\pi}{4} \times 0.1^2 \times 10 = 0.07854\ \ m^3/s$$

$$V_2 = \frac{T_2}{T_1}\frac{P_1}{P_2} V_1 = \frac{350}{400} \times \frac{200}{180} \times 0.07854 = 0.076\ \ m^3/s$$

$$v_2 = \frac{Q_2}{A_2} = \frac{4 \times 0.0763}{\pi \times 0.2^2} = 2.43\ m/s$$

정답 ①

5-2 아보가드로의 법칙

1. 아보가드로의 법칙 #아보가드로의 법칙 #분자량 #mol
2. 수증기에서의 해석 #수소 #산소 #수증기 #몰질량

1 아보가드로의 법칙

1) 정의

- 모든 기체는 같은 온도, 같은 압력에서 같은 부피 속에 같은 개수의 분자를 포함하며 이때 다른 것은 기체의 종류와 그 종류에 따라 결정되는 질량이다.
- 모든 기체는 0℃, 1기압일 때 1 mol의 부피가 22.4 L이며 그 분자의 개수는 6.022×10^{23} 이며 그 질량[g]은 분자량과 같다.

$$V \propto n$$

n	: 몰 수	[mol]
V	: 부피	[m^3]

2) 이해

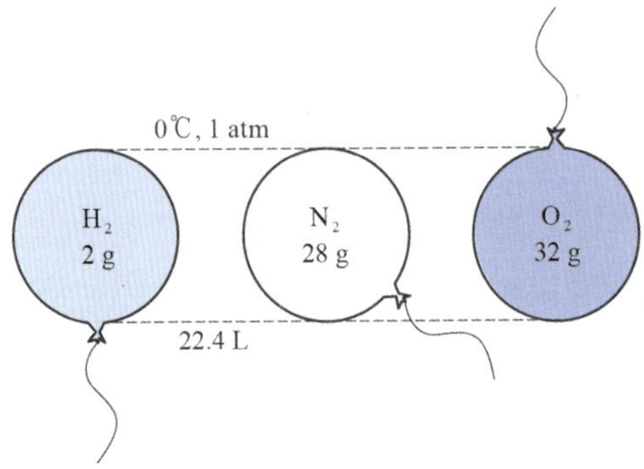

그림 5.5 아보가드로의 법칙

- 수소 1 mol은 2 g이며 0℃, 1 atm일 때 22.4 L이다.
- 질소 1 mol은 24 g이며 0℃, 1 atm일 때 22.4 L이다.

• 산소 1 mol은 32 g이며 0℃, 1 atm일 때 22.4 L이다.
• 아보가드로의 법칙을 통해 다양한 물질의 양에 따른 부피를 구할 수 있다.

2 수증기에서의 해석

1) 적용

• 1 mol 의 수소가 완전반응을 통해 모두 수증기로 변화는 과정을 해석하여 보자.

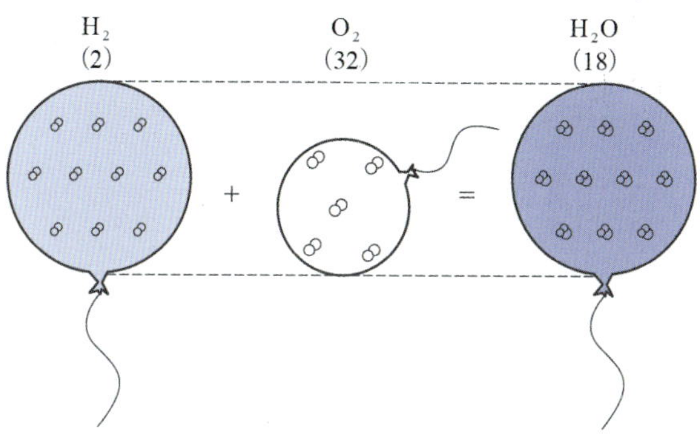

그림 5.6 수증기의 구성

$$H_2 + 0.5\,O_2 \rightarrow H_2O$$

H : 수소
O : 산소
H_2O : 수증기

2) 가정

• 풍선은 주위 대기압과 (표면장력을 무시한) 평형을 이루어 무한히 팽창, 수축한다.
• 온도는 모든 상황에서 273 K로 동일한 것으로 가정한다.
• 수증기는 낮은 온도에서도 기체로 존재하는 것으로 가정한다.

3) 수소의 해석

• 수소 1 mol은 2 g이다.
• 273 K, 1 atm이므로 부피는 22.4 L이다.

4) 산소의 해석

- 1 mol 의 수소를 완전반응하기 위해서는 0.5 mol의 산소가 필요하다.
- 산소 0.5 mol은 16 g이다.
- 273 K, 1 atm이므로 부피는 11.2 L이다.

5) 수증기 해석

- 1 mol 의 수소가 완전반응하면 1 mol의 수증기가 발생한다.
- 수증기 1 mol은 18 g이다.
- 273 K, 1 atm이므로 부피는 24 L 이다.

6) 정리

구분	단위	수소	산소	수증기	비고
mol	mol	1	0.5	1	
부피	L	22.4	11.2	22.4	
몰질량	g/mol	2	32	18	
질량	g	2	16	18	

5-3 이상기체 상태방정식

1. 유도와 기체상수	#이상기체 상태방정식 #보일의 법칙 #샤를의 법칙 #보일-샤를의 법칙 #질량보존의 법칙 #기체상수
2. 정의와 해석	#절대압력 #부피 #몰수 #기체상수 #절대온도
3. 몰질량	#몰질량 #mol #몰밀도 #g/mol

1 유도와 기체상수

1) 유도

- 보일의 법칙 : 온도 T가 일정할 때 $V \propto \frac{1}{P}$
- 샤를의 법칙 : 압력이 일정할 때 $V \propto T$
- 아보가드로의 법칙 : $V \propto n$
- 보일+샤를+아보가드로의 법칙

$$V \propto \frac{T \times n}{P}$$

- 우항에 비례상수 R을 넣어 등호를 성립하면

$$PV = nRT$$

- 질량보존의 법칙 : $V \propto w$이므로
  양을 고정하는 몰수 n을 질량 w로 바꾸면

$$PV = wRT$$

2) 기체상수

- $R = \frac{PV}{nT} = \frac{101325\ [\mathrm{N/m^2}] \times 0.0224\ [\mathrm{m^3}]}{1\ [\mathrm{mol}] \times 273\ [\mathrm{K}]}$
  $= 8.314\ [\mathrm{J/mol \cdot K}]$
- 몰수를 적용한 기체상수는 절댓값으로 모든 기체에 동일하게 사용할 수 있다.

2 정의와 해석

1) 정의

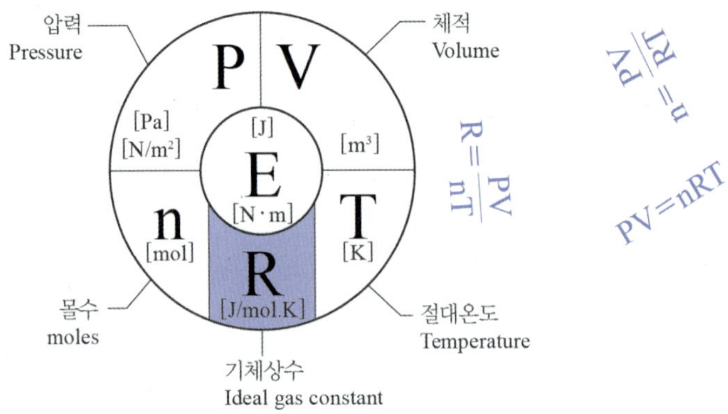

그림 5.7 이상기체 상태방정식의 요소

- 이상기체의 물리적 상태를 그 관계에 따라 정량화할 수 있도록 한 방정식이다.
- 압력, 부피, 몰수, 온도 중에서 물리량이 변할 때 다른 물리량도 구해질 수 있다.

2) 해석

$$E = PV = nRT$$

E	:	에너지	[J]
P	:	절대압력	[Pa]
V	:	부피	[m³]
n	:	몰수	[mol]
R	:	기체상수	[J/mol·K]
T	:	절대온도	[K]

- 이상기체 상태방정식은 보일-샤를의 법칙 및 아보가드로의 법칙을 토대로 만들어졌다.

3 몰질량

1) 정의

- 어떤 물질의 양 1 mol에 대한 그 질량값을 이른다.

- 단위는 물리량의 상관관계 상 g/mol을 많이 사용하며 '몰밀도'라 부르기도 한다.

2) 이해

$$M = \frac{w}{n} \;,\quad n = \frac{w}{M}$$

n	: 몰 수	[mol]
M	: 몰질량	[g/mol]
w	: 질량	[g]

3) 활용

$$PV = nRT = \frac{w}{M}RT \;,$$

$$\rho = \frac{w}{V} = \frac{PM}{RT}$$

- 이상기체 상태방정식을 위와 같이 활용하면 특정 압력, 온도에서 기체의 밀도를 구할 수 있다.

질량보존의 법칙 : $V \propto w$,

양을 고정하는 몰 수 n을 질량 w로 바꾸면

$$PV = wRT$$

- 몰질량을 반영한 기체상수는 분자량이 동일한 기체에서만 적용할 수 있음에 주의한다.

실전문제

이상기체의 정압과정에 해당하는 것은? (단, P는 압력, T는 절대온도, v는 비체적, k는 비열비를 나타낸다.)

① $\frac{P}{T}$ = 일정 ② Pv = 일정 ③ Pv^k = 일정 ④ $\frac{v}{T}$ = 일정

풀이

- $PV = nRT$에서, $P_1 = P_2 = \frac{nRT_1}{V_1} = \frac{nRT_2}{V_2}$

정답 ④

온도 20℃, 압력 500 kPa에서 비체적이 0.2 m^3/kg인 이상기체가 있다. 이 기체의 기체 상수 [kJ/kg · K]는 얼마인가?

① 0.341 ② 3.41 ③ 34.1 ④ 341

풀이

$PV = wRT,$

$$R = \frac{PV}{wT} = \frac{V}{w} \times \frac{P}{T} = 0.2 \times \frac{500 \times 10^3}{273 + 20} = 341.2969 \ [\mathrm{J/kg.K}]$$

정답 ①

초기에 비어있는 체적이 0.1 m^3인 견고한 용기 안에 공기(이상기체)를 서서히 주입한다. 이때 주위 온도는 300 K이다. 공기 1 kg을 주입하면 압력[kPa]이 얼마가 되는가? (단, 기체상수 R = 0.287 kJ/kg · K이다.)

① 287 ② 300 ③ 348 ④ 861

풀이

$PV = wRT$ 에서,

$$P = \frac{wRT}{V} = \frac{1 \times 0.287 \times 300}{0.1} = 861 \ [\mathrm{kPa}]$$

정답 ④

온도가 20℃인 이산화탄소 6 kg 이 체적 0.3 m^3인 용기에 가득 차 있다. 가스의 압력은 약 몇 kPa 인가? (단, 이산화탄소는 기체상수가 189 kJ/kg · K 인 이상기체로 가정한다.)

① 75.6 ② 189 ③ 553.8 ④ 1108

풀이

$PV = wRT$ 에서,

$$P = \frac{wRT}{V} = \frac{189 \times 189 \times (273 + 20)}{0.3} = 1{,}107{,}540 \ \mathrm{N/m^2}$$

정답 ④

밸브가 달린 견고한 밀폐용기 안에 온도 300 K, 압력 500 kPa 의 기체 4 kg이 들어 있다. 밸브를 열어 기체 1 kg을 대기로 방출한 후 밸브를 닫고 주위온도가 300 K 로 일정한 분위기에서 용기를 장시간 방치하였다. 내부 기체의 최종압력은 약 몇 kPa 인가? (단, 이 기체는 이상기체로 간주한다.)

① 300　　② 375　　③ 400　　④ 499

풀이

이상기체의 기체상수는 항상 일정하다.

$PV = wRT$에서, R은 일정, $V_1 = V_2$이므로

$$\frac{P_1}{w_1 T_1} = \frac{P_2}{w_2 T_2},$$

$$P_2 = P_1 \frac{w_2 T_2}{w_1 T_1} = 500 \times \frac{3 \times 300}{4 \times 300} = 375$$

정답 ②

연습문제

01 기체의 분자운동론을 성립하기 위한 가정조건이 아닌 것은?

① 기체로만 존재하며 절대 액화하지 않는다.
② 기체는 질량만 존재하고 부피는 존재하지 않는다.
③ 분자는 힘을 주고 받지 않는다.
④ 분자의 평균운동에너지는 화씨온도에만 비례한다.

정답 ④
풀이 분자의 평균운동에너지는 절대온도에만 비례한다.

03 수소 1 mol이 완전반응하여 모두 수증기가 되었다. 다음 설명 중 옳은 것은?

① 수소와 산소를 합한 질량은 생성된 수증기의 질량보다 작다.
② 완전반응 후 수증기는 공기보다 무겁다.
③ 완전반응을 위해선 산소 1 mol이 소요된다.
④ 생성된 수증기는 1 mol이다.

정답 ④
풀이 반응 전후의 질량은 동일하며 수증기는 공기보다 가볍고 완전반응을 위해서는 산소 0.5 mol이 필요하다.

03 이상기체 상태방정식에 대한 설명으로 옳지 않은 것은?

① 이상기체 상태방정식은 보일-샤를의 법칙이 반영되었다.
② 이상기체 상태방정식은 아보가드로의 법칙이 반영되었다.
③ 몰질량을 적용한 기체상수는 모든 기체에 사용할 수 있다.
④ 몰수는 부피와 압력의 곱에 비례한다.

정답 ③
풀이 몰질량을 적용한 기체상수는 분자량이 같은 경우에만 사용할 수 있다.

학습정리

1. 보일–샤를의 법칙

- 보일의 법칙은 기체의 온도가 일정할 때 부피와 압력은 반비례하는 것이다.
- 샤를의 법칙은 압력이 일정할 때 부피와 온도가 정비례하는 것이다.
- 보일-샤를의 법칙은 보일의 법칙과 샤를의 법칙을 합하여 정한 것이다.

2. 아보가드로의 법칙

- 0℃, 1기압에서 모든 기체 1 mol은 22.4 L 이고, 질량은 분자량과 같다.
- 모든 기체는 같은 온도, 압력에서 같은 부피 속에 같은 개수의 분자를 포함한다.
- 달라지는 것은 그 기체의 종류와 그 종류에 따라 결정되는 질량이다.

3. 이상기체 상태방정식

- $PV = nRT$
- SI단위에서의 기체상수는 8.314 J/mol.K 이다.
- 몰질량을 사용하면 $PV = wRT$
- 몰질량을 반영한 경우에는 같은 분자량을 가진 기체만 사용할 수 있다.

CHAPTER

06

유체의 법칙 2

학습목표

- 그레이엄의 확산속도법칙을 이해하여 설명할 수 있다.
- 돌턴의 분압법칙을 이해하고 관련 문제를 풀어낼 수 있다.
- 파스칼의 법칙 이해하여 관련 문제를 풀어낼 수 있다.

학습목차

- 6-1. 그레이엄의 확산속도법칙
- 6-2. 돌턴의 분압법칙
- 6-3. 파스칼의 법칙

복습점검

1. 이상기체는 기체로만 존재하며 분자의 평균운동에너지는 화씨온도에 비례한다.

   답 × 기체의 분자운동론에 따라 분자의 평균운동에너지는 절대온도에 비례한다.

2. 수증기는 같은 몰수의 공기보다 무겁다.

   답 × 수증기(H_2O)의 분자량은 18로서 평균분자량이 29인 공기보다 가볍다.

3. SI단위를 적용한 이상기체 상태방정식에서의 기체상수는 8.314 Pa · m^3/mol · K이다.

   답 ○ 몰수를 적용한 기체상수 8.314 Pa · m^3/mol · K는 모든 이상기체에 적용할 수 있다.

6-1 그레이엄의 확산속도법칙

1. 기체의 질량	#주요원소 #분자의 질량 #분자량 #평균분자량
2. 그레이엄의 확산속도법칙	#그레이엄의 확산속도법칙 #Halon 1301 #평균 이동속도

1 기체의 질량

1) 주요원소

- 다음 원소들은 소방에서 주로 사용하는 주요 원소들이다.
- 원소별 특성은 화학적 활용을 위해 매우 중요하다.
- 유체의 흐름적 특성을 이해하는 본 과목에서는 원소의 질량적 특성만을 다루기로 한다.

구분	수소	헬륨	탄소	질소	산소	아르곤	플루오진	염소	브로민	아이오딘
원소기호	H	He	C	N	O	Ar	F	Cl	Br	I
원자번호	1	2	6	7	8	18	9	17	35	53
원자(질)량	1	2	12	14	16	40	19	35.5	80	127

- 원자핵 속에 들어있는 양성자의 수로 원자번호를 결정한다.
- 안정상태의 중성원자의 양성자 수 = 전자 수 = 원자번호이다.
- 원자핵을 이루는 양성자 수와 중성자 수의 합을 질량수라 한다.
- 원자량은 탄소원자의 질량수를 12로 정한 기준에 대한 상대적 질량수이다.
- 기체 1 mol의 부피는 압력과 온도에 따라 변하나 질량은 분자량과 같다.

2) 분자의 질량 = 분자량

- 분자의 질량수(= 분자량)는 분자를 구성하는 원자의 질량수의 합이다.

$$CO_2\text{의 분자량} = 12 + (16 \times 2) = 44$$

- CO_2 1 mol의 질량은 44 g인 것을 알 수 있다.

3) 공기의 평균분자량

- 공기는 질소 78%, 산소 21% 그리고 1%의 아르곤과 0.04%의 CO_2로 구성(체적비)되어 있다.
- 이렇게 여러 원소로 구성된 공기는 각 원소의 체적분율을 통해 평균분자량을 구할 수 있다.
- 공기의 평균분자량 $= \dfrac{(21 \times 32) + (78 \times 28) + (1 \times 40)}{21 + 78 + 1} = 28.96$
- 공기 1 mol의 질량은 29 g 정도인 것을 알 수 있다.

실전문제

이산화탄소에 대한 설명으로 틀린 것은?

① 무색, 무취의 기체이다.　② 비전도성이다.

③ 공기보다 가볍다.　④ 분자식은 CO_2이다.

풀이

기체의 비중 $= \dfrac{\text{기체의 분자량}}{\text{공기의 평균분자량}}$ 이므로,

CO_2의 비중 $= \dfrac{12 + (16 \times 2)}{29} = 1.5172$

정답 ③

2 그레이엄의 확산속도법칙

1) 정의

- 기체의 분자량과 기체 분자들의 평균 이동속도에 관한 것이다.
- 서로 다른 두 기체의 확산속도의 비는 그 분자량의 비를 제곱근한 것과 같다.
- 기체의 확산속도를 분자량을 통해 예측할 수 있다.

2) 이해

$$\frac{u_2}{u_1} = \sqrt{\frac{m_1}{m_2}} = \sqrt{\frac{\rho_1}{\rho_2}}$$

u	: 확산속도	[m/s]
m	: 분자량	[-]
ρ	: 밀도	[kg/m^3]

- 온도가 높아 밀도가 낮아진다면 확산속도도 빨라지는 것을 증명한다.

실전문제

공기와 할론 1301의 혼합기체에서 할론 1301에 비해 공기의 확산속도는 약 몇 배인가? (단, 공기의 평균분자량은 29, 할론 1301의 분자량은 149이다.)

① 2.27배 ② 3.85배 ③ 5.17배 ④ 6.46배

풀이

$$\frac{u_2}{u_1} = \sqrt{\frac{m_1}{m_2}} = \sqrt{\frac{149}{29}} = 2.26670$$

정답 ①

- 할론 1301의 분자식은 CF_3Br이므로,
- CF_3Br의 분자량 = 12+(19×3)+80 = 149임을 알 수도 있다.

실전문제

Halon 1301의 증기 비중은 약 얼마인가? (단, 원자량은 C 12, F 19, Br 80, Cl 35.5 이고, 공기의 평균분자량은 29이다.)

① 4.14 ② 5.14 ③ 6.14 ④ 7.14

풀이

할론1301의 분자식은 CF_3Br이고,

$$\text{기체의 비중} = \frac{\text{기체의 분자량}}{\text{공기의 평균분자량}}$$ 이므로,

$$CF_3Br\text{의 비중} = \frac{12+(19\times3)+80}{29} = 5.1379$$

정답 ②

6-2 돌턴의 분압법칙

1. 돌턴의 분압법칙	#기체의 분압 #돌턴의 분압법칙 #몰분율 #분압
2. 같은 압력에서의 혼합기체	#혼합기체의 압력 #혼합기체의 질량 #이상기체 상태방정식 #아보가드로의 법칙
3. 다른 압력에서의 혼합기체	#혼합기체의 압력 #혼합기체의 질량 #이상기체 상태방정식 #아보가드로의 법칙

1 돌턴의 분압법칙

1) 기체의 분압

- 서로 다른 종류의 기체가 일정부피 내에 혼재되었을 때 용기의 압력을 전체압력이라 하고 각 기체가 나타내는 압력을 분압이라 한다.
- 일정 온도, 일정 부피에서의 기체 압력은 기체의 종류와 무관하고 몰수에 의해 정해진다.

2) 돌턴의 분압법칙

$$P_T = P_1 + P_2 + P_3 \cdots\cdots$$

P_T : 혼합기체의 압력 [Pa]
P_x : 각 기체의 압력 [Pa]

- 혼합기체의 압력은 각 기체의 부분압력의 합과 같다.

3) 증명

- 이상기체 상태방정식에서
  기체 1과 기체 2가 혼합되어 있다면 $PV = nRT$이므로,

$$P_1 = \frac{n_1RT}{V},\ P_2 = \frac{n_2RT}{V},\ P_T = \frac{(n_1+n_2)RT}{V}$$

이 된다.

4) 몰분율

- 혼합기체 전체의 몰수에 대한 특정 성분기체의 몰수 비를 몰분율이라 한다.

$$R_x = \frac{n_x}{n_T}$$

R_m : 몰분율 [-]
n_x : 특정 성분기체의 몰수 [mol]
n_T : 혼합기체의 몰수 [mol]

5) 분압

- 각 기체의 분압은 전체 압력에 그 기체의 몰분율을 곱하여 구한다.

$$P_1 = P_T \times R_1 = \frac{(n_1 + n_2)RT}{V} \times \frac{n_1}{n_T} = \frac{n_1 RT}{V}$$

- 혼합기체를 구성하는 각 기체의 분압은 그 기체의 몰수 비에 비례한다.

2 같은 압력에서의 혼합기체

1) 조건

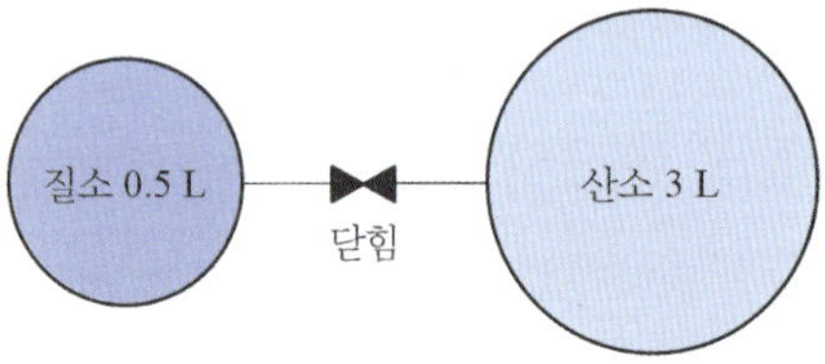

그림 6.1 같은 압력에서의 혼합기체-1

- 온도가 0℃로 일정하고 부피가 다른 용기에 질소와 산소를 각각 1기압의 압력으로 넣었다.

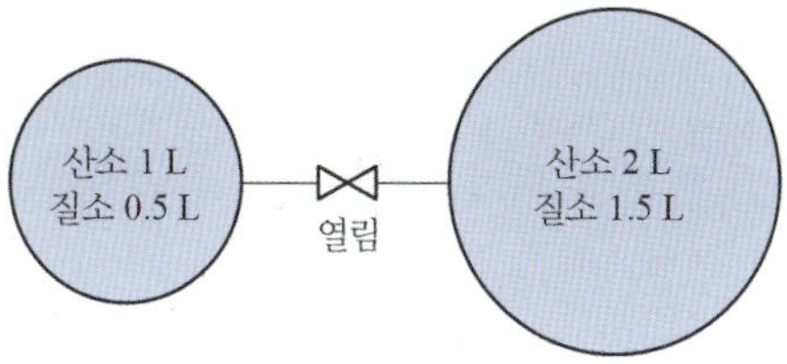

그림 6.2 같은 압력에서의 혼합기체-2

- 이후 밸브를 열어 충분한 시간 동안 두 기체가 화학적 반응 없이 완전히 섞였을 때 혼합기체의 압력과 질량을 구하면,

2) 혼합기체의 압력

- 혼합기체의 압력은 각 성분 기체의 부분 압력의 합과 같다.
- 혼합 후 1.5 L에서 4.5 L의 부피로 팽창한 질소의 압력을 구하면,

질소 1.5 L의 압력은 1 atm이므로 4.5 L의 압력은 $\frac{1.5}{4.5} = \frac{1}{3}\,\text{atm}$

- 혼합 후 3.0 L에서 4.5 L의 부피로 팽창한 산소의 압력을 구하면,

산소 3 L의 압력은 1 atm 이므로 4.5 L의 압력은 $\frac{3.0}{4.5} = \frac{2}{3}\,\text{atm}$

- 돌턴의 분압법칙에 따라 혼합기체의 압력은 개별가스 압력의 합과 같으므로

혼합가스의 압력 $P_T = \frac{1}{3} + \frac{2}{3} = 1\ \text{atm}$

3) 각 용기의 질량

(1) 이상기체 상태방정식 적용

- 질소의 몰수와 질량

$$n_{질소} = \frac{PV}{RT} = \frac{101325 \times 0.0015}{8.314 \times 273} = 0.066963$$

$$w_{질소} = M \times n = 28 \times 0.066963 = 1.8750 \text{ g}$$

- 산소의 몰수와 질량

$$n_{산소} = \frac{PV}{RT} = \frac{101325 \times 0.003}{8.314 \times 273} = 0.133926$$
$$w_{산소} = M \times n = 32 \times 0.133926 = 4.2856 \text{ g}$$

(2) 아보가드로의 법칙 적용

- 0℃, 1 atm일 때 1 mol의 부피는 22.4 L이고 질량은 분자량과 같으므로

  산소 3 L의 질량은 $32 \times \frac{3}{22.4} = 4.2857 \text{ g}$

  질소 1.5 L의 질량은 $28 \times \frac{1.5}{22.4} = 1.875 \text{ g}$

(3) 각 용기의 질량

- 혼합기체의 질량

$$w_T = w_{질소} + w_{산소} = 1.8750 + 4.2856 = 6.1606 \text{ g}$$

- 단위체적당 질량인 밀도가 같으므로 질량은 체적에 비례한다.

$$1.5 \text{ L 용기에 담긴 혼합기체의 질량} = 6.1606 \times \frac{1.5}{(1.5+3)} = 2.054 \text{ g}$$
$$3.0 \text{ L 용기에 담긴 혼합기체의 질량} = 6.1606 \times \frac{3}{(1.5+3)} = 4.107 \text{ g}$$

3 다른 압력에서의 혼합기체

1) 조건

- 0℃의 일정한 온도에서 부피가 다른 용기에 아르곤과 산소를 서로 다른 압력으로 채웠다.

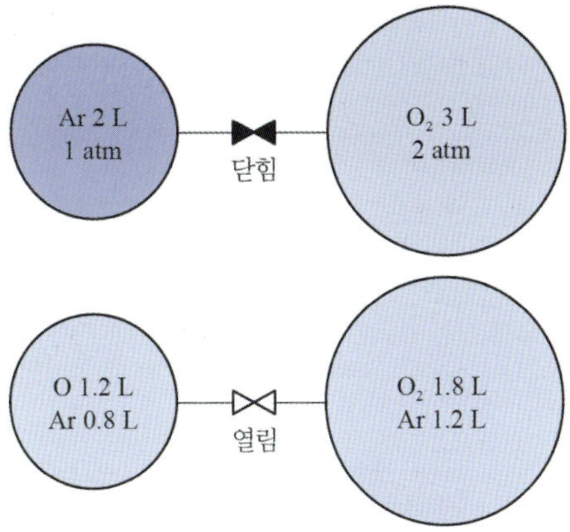

그림 6.3 다른 압력에서의 혼합기체-1

• 이후 밸브를 열어 충분한 시간 동안 두 기체가 화학적 반응 없이 완전히 섞였을 때 혼합기체의 압력과 질량을 구하면,

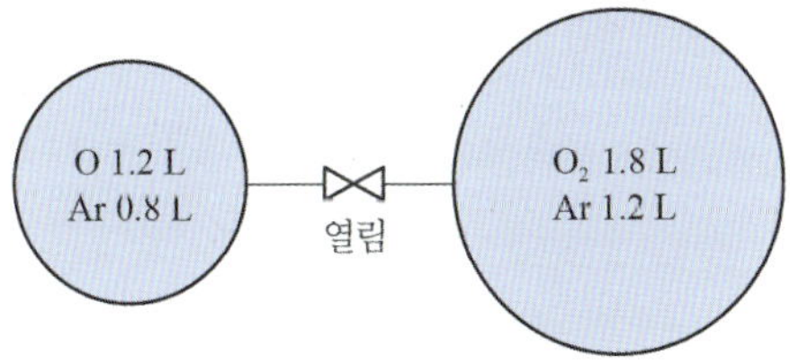

그림 6.4 다른 압력에서의 혼합기체-2

2) 혼합기체의 압력

• 혼합기체의 압력은 각 성분 기체의 부분 압력의 합과 같다.

• 2 L에서 혼합 후 5 L의 부피로 팽창한 아르곤의 압력을 구하면,

$$P_2 = \frac{P_1 V_1}{V_2} = \frac{1 \times 2}{5} = 0.4 \text{ atm}$$

• 3 L에서 혼합 후 5 L의 부피로 팽창한 산소의 압력을 구하면,

$$P_2 = \frac{P_1 V_1}{V_2} = \frac{2 \times 3}{5} = 1.2 \text{ atm}$$

• 돌턴의 분압법칙에 따라 혼합기체의 압력은 개별가스 압력의 합과 같으므로

$$\text{혼합가스의 압력 } P_T = 0.4 + 1.2 = 1.6\ \text{atm}$$

3) 각 용기의 질량

(1) 이상기체 상태방정식 적용

• 아르곤의 몰수와 질량

$$n_{\text{아르곤}} = \frac{PV}{RT} = \frac{101325 \times 0.002}{8.314 \times 273} = 0.08928$$

$$w_{\text{아르곤}} = M \times n = 40 \times 0.08928 = 3.571\ \text{g}$$

• 산소의 몰수와 질량

$$n_{\text{산소}} = \frac{PV}{RT} = \frac{2 \times 101325 \times 0.003}{8.314 \times 273} = 0.2679$$

$$w_{\text{산소}} = M \times n = 32 \times 0.2679 = 8.573\ g$$

(2) 각 용기의 질량

• 혼합기체의 질량

$$w_T = w_{\text{아르곤}} + w_{\text{산소}} = 3.571 + 8.573 = 12.144\ \text{g}$$

• 단위체적당 질량인 밀도가 같으므로 질량은 체적에 비례한다.

$$2\ \text{L 용기에 담긴 혼합기체의 질량} = 12.144 \times \frac{2}{(2+3)} = 4.8576\ \text{g}$$

$$3\ \text{L 용기에 담긴 혼합기체의 질량} = 12.144 \times \frac{3}{(2+3)} = 7.2864\ \text{g}$$

6-3 파스칼의 법칙

1. 파스칼의 법칙 #파스칼의 법칙 #비압축성 유체 #위치압력 #전달압력 #유압기
2. 건식밸브의 원리 #건식밸브 #파스칼의 법칙 #유수검지장치 #압축공기

1 파스칼의 법칙

1) 정의

- 밀폐된 공간에 담긴 비압축성 유체에 가해진 압력은 유체의 모든 지점에 같은 크기로 전달된다.

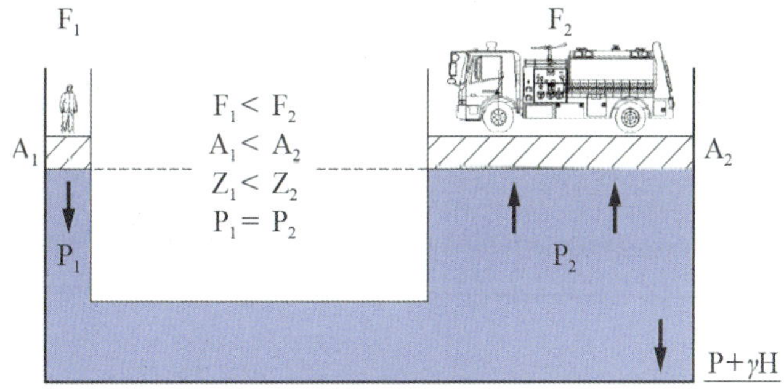

그림 6.5 파스칼의 법칙

- 좁은 면적[A_1]을 작은 힘[F_1]으로 눌러서 넓은 면적[A_2]에서 큰 힘[F_2]으로 들어 올릴 수 있다.

2) 이해

- 모든 지점에 같은 크기로 전달되는 것은 모든 지점의 압력이 같다는 것이 아니다.

$$P_H = \gamma H = \rho g H$$

- 모든 지점에서 존재하는 위치압력 P_H 에 전달압력만큼 더해지게 된다.

3) 이동거리

$$V_1 = V_2$$

- 같은 압력으로 인해 다른 힘이 전달되더라도 비압축성 유체의 전체 체적에는 변화가 없다.

$$V = A.L,\ A_1L_1 = A_2L_2,\ \frac{L_2}{L_1} = \frac{A_1}{A_2}$$

- 양쪽의 이동거리는 각각의 단면적에 반비례한다.

실전문제

다음은 파스칼의 법칙에 대한 설명이다. 옳은 것은 ?

① 비압축성 유체의 한 부분에 압력을 가하면 유체의 모든 부분에서 압력은 같다.
② 압축성 유체의 한 부분에 압력을 가하면 유체의 모든 부분에서 압력은 같다.
③ 넓은 단면적에 큰 힘을 가해서 좁은 단면적에 작은 힘을 작용시킬 수 있다.
④ 좁은 단면적에 큰 힘을 가해서 넓은 단면적에 작은 힘을 작용시킬 수 있다.

풀이

비압축성 유체의 한 부분에 압력을 가하면 유체의 모든 부분에 같은 압력이 전달된다.
유체의 각 부분에 나타나는 압력은 낙차에 의한 압력과 전달된 압력의 합이 된다.

정답 ③

유압기에 힘을 가하여 출력측에서 1000 kg의 질량을 가진 자동차를 들어 올리려 한다. 유압기에 가할 수 있는 힘이 980 N이라 할 때 유압기의 입력측 단면적[A_1]과 출력측 단면적[A_2]의 비 [A_1:A_2]는 얼마인가 ?

① 1,000 : 980 ② 980 : 1,000 ③ 10 : 1 ④ 1 : 10

풀이

자동차의 중량 = mg = 1,000×9.8 = 9,800 N

$$P_1 = P_2,\ \frac{F_1}{A_1} = \frac{F_2}{A_2},\ \frac{A_2}{A_1} = \frac{F_2}{F_1}$$

$$A_1 : A_2 = F_1 : F_2 = 980 : 9800 = 1 : 10$$

정답 ④

2 건식밸브의 원리

- 파스칼의 법칙에 의해 밀폐된 용기의 일부에 압력을 가하면 이 압력은 모든 방향에 동일하게 전달된다.

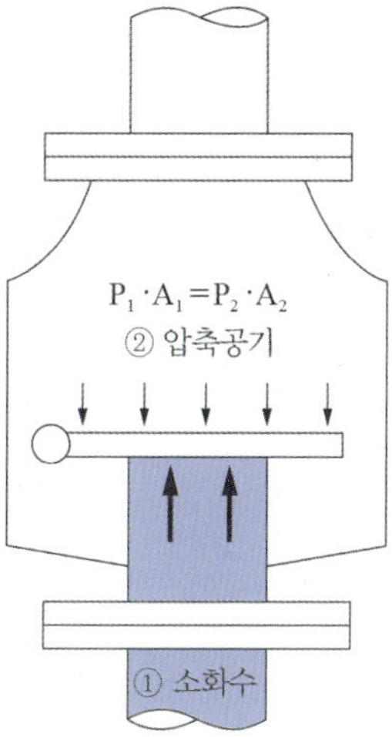

그림 6.6 건식밸브의 내부

- 스프링클러의 유수검지장치 중에서 건식밸브는 2차측에 압축공기를 채워 밸브의 폐쇄상태를 유지한다.

$$P_1 > P_2 \text{ 이므로, } \quad \frac{F_1}{A_1} > \frac{F_2}{A_2}$$

- 밸브가 닫혀 있기 위해서는

$$A_1 \ll A_2 \text{로 하면, } \quad F_1 < F_2$$

- 건식밸브 1차측의 높은 급수압력[P_1]은 2차측의 낮은 가압공기[P_2]로 인해 닫힘상태를 유지한다.

실전문제

건식밸브의 급수압력이 0.5 MPa 이고, 2차측 압축공기의 압력은 0.1 MPa 일 때 이 건식밸브가 폐쇄상태를 유지하기 위한 급수측의 압력이 작용하는 면적(A1)과 압축공기의 압력이 작용하는 면적(A2)에 대한 설명으로 옳은 것은?

① $A_1 = A_2$ 이어야 한다.
② $A_2 > 5A_1$ 이어야 한다.
③ $A_1 > 5A_2$ 이어야 한다.
④ $A_2 < 5A_1$ 이어야 한다.

풀이

$F_2 > F_1$ 으로 하려면 $P_2A_2 > P_1A_1$ 이어야 한다.

$0.1A_2 > 0.5A_1$

$A_2 > 5A_1$

정답 ②

연습문제

01 공기 중에 존재하는 산소[O_2]와 이산화탄소[CO_2]에 대한 설명으로 옳은 것은 ?

① 산소의 비중은 이산화탄소의 비중보다 크다.
② 동일한 온도, 압력조건에서 같은 부피의 산소와 이산화탄소의 질량은 같다.
③ 동일한 온도, 압력조건에서 같은 몰수의 산소와 이산화탄소의 부피는 같다.
④ 서로 다른 두 기체의 확산속도의 비는 그 분자량의 비와 같다.

정답 ③
풀이 서로 다른 두 기체의 확산속도의 비는 그 분자량의 제곱근의 비와 같다.

02 돌턴의 분압법칙에 대한 설명으로 옳은 것은?

① 혼합기체의 압력은 가장 많은 부피를 가진 기체의 압력과 같다.
② 혼합기체의 압력은 가장 많은 질량을 가진 기체의 압력과 같다.
③ 혼합기체의 압력은 혼합된 각 기체의 부분압력의 곱과 같다.
④ 혼합기체의 압력은 혼합된 각 기체의 부분압력의 합과 같다.

정답 ④
풀이 돌턴의 분압법칙은 "혼합기체의 압력은 각 기체의 부분압력의 합과 같다"는 것이다.

03 스프링클러의 유수검지장치 중에서 파스칼의 법칙을 이용해 닫힘상태를 유지하는 것은?

① 습식밸브　② 건식밸브
③ 준비작동식밸브　④ 일제개방밸브

정답 ②
풀이 건식밸브는 2차측의 낮은 압축공기압력으로 1차측의 높은 급수압력보다 큰 힘을 만들어 닫힘 상태를 유지한다.

학습정리

1. 그레이엄의 확산속도법칙

- 원자핵을 이루는 양성자 수와 중성자 수의 합을 질량수라 한다.
- 원자량은 탄소원자의 질량수를 12로 정한 기준에 대한 상대적인 질량수이다.
- 분자의 질량수(＝분자량)는 구성하는 원자의 질량수의 합이다.
- 확산속도법칙 : 서로 다른 두 기체의 확산속도의 비는 그 분자량의 비를 제곱근한 것과 같다.

2. 돌턴의 분압법칙

- 서로 다른 종류의 기체가 혼재되어 있을 때 용기의 전체압력을 전체압력이라 한다.
- 각 기체만 존재하였을 때 나타나는 압력을 분압이라 한다.
- 분압법칙 : 전체압력은 분압의 합과 같다.
- 전체 몰수에 대한 특정 성분기체의 몰수 비를 몰분율이라 한다.
- 각 기체의 분압은 전체 압력에 그 기체의 몰분율을 곱해 얻을 수 있다.

3. 파스칼의 법칙

- 밀폐된 공간에 담긴 비압축성 유체에 가해진 압력은 유체의 모든 지점에 같은 크기로 전달된다.
- 모든 지점에서 존재하는 위치압력에 전달압력만큼 더해진다.
- 양쪽에서의 이동거리는 각각의 단면적에 반비례 한다.
- 스프링클러설비의 건식밸브는 파스칼의 법칙을 이용하여 닫힘상태를 유지한다.

CHAPTER

07

정수역학

학습목표

- 아르키메데스의 원리를 이해하여 부력의 크기를 계산할 수 있다.
- 유체의 잠긴 면에 작용하는 힘을 구할 수 있다.
- 상당직경과 수력반경을 이해하여 활용할 수 있다.

학습목차

- 아르키메데스의 원리
- 유체의 잠긴 면에 작용하는 힘
- 상당직경과 수력직경

복습점검

1. 서로 다른 두 기체의 확산속도의 비는 그 분자량의 비와 같다.
   답 × 서로 다른 두 기체의 확산속도는 그 분자량의 제곱근의 비와 비례한다.
2. 혼합기체의 압력은 가장 많은 부피를 가진 기체의 압력과 같다.
   답 × 혼합기체의 압력은 각 기체의 부분압력의 합과 같다.
3. 건식밸브는 2차측의 낮은 압축공기압력으로 닫힘상태를 유지한다.
   답 ○ 건식밸브는 2차측의 낮은 압축공기압력으로 1차측의 높은 급수압력보다 큰 힘을 만들어 닫힘상태를 유지한다.

7-1 아르키메데스의 원리

1. 부력	#압력차 #중력 #부력 #알짜힘
2. 아르키메데스의 원리	#아르키메데스 #유레카 #EUREKA #부력 #잠긴부피

1 부력(浮力)

1) 이해

- 물에 잠긴 물체에 가해지는 압력은 아랫부분이 윗부분보다 그 높이차만큼 크다.
- 이 압력차로 인해 상향으로 밀어 올리려는 힘과 중력이 같아지는 높이에서 물체는 정지한다.

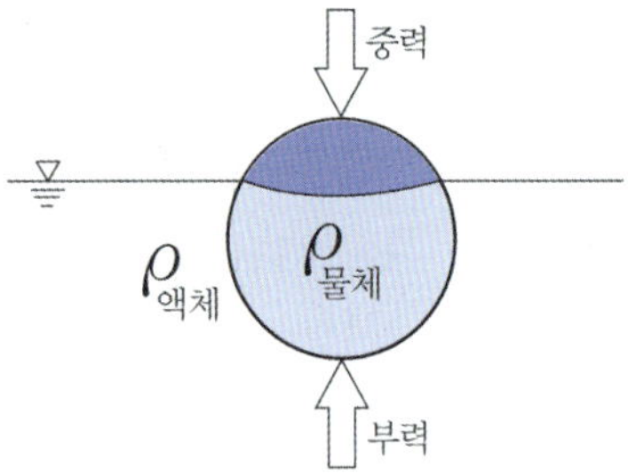

그림 7.1 물체의 부력과 중력

- 압력의 차이와 비례하는 크기인 윗방향으로의 알짜힘을 만들어 낸다.

2) 정의

- 유체에 잠긴 물체의 상·하면에 작용하는 중력방향의 압력차만큼 물체를 상향으로 밀어 올리려는 힘이다.
- 물체의 밀도가 액체의 밀도보다 크다면 가라앉게 된다.
- 부력의 중심은 대체된 액체부피의 질량중심이 된다.
- 유체정역학에서 부력의 크기는 잠긴 물체에 의해 대체된 부피만큼의 액체의 무게에 해당한다.

2 아르키메데스의 원리

유체에 물체가 일부, 또는 전부 잠겨있는 경우 그 잠긴 부피에 해당하는 유체무게만큼의 부력을 윗방향으로 받는다.

$$F_{부력} = \gamma_{유체} \times V_{잠긴}$$

$F_{부력}$: 부력 [N]
$\gamma_{유체}$: 유체의 비중량 [N/m^3]
$V_{잠긴}$: 잠긴 부피 [m^3]

그림 7.2 아르키메데스의 유레카

히에론2세가 순금으로 금관을 만들게 하고 은을 섞지 않았는지 아르키메데스(기원전 287~212)에게 확인을 의뢰하였다. 아르키메데스는 사람이 욕조에 들어가면 그만큼의 물이 차오르는 것을 보고 물질의 밀도에 따라 비중이 다르다는 것을 발견하였다. 같은 중량이라 할지라도 밀도가 다르면 부피가 다르고 그렇다면 물속에 넣었을 때 상승하는 수위도 달라질 것이다. 욕조에서 이를 발견하고 '찾았다(유레카)!'를 외치며 뛰쳐나왔다고 한다. 새로운 사실을 발견한 순간, 그 기쁨의 크기가 짐작된다.

실전문제

공기 중에서 무게가 941 N 인 돌의 무게가 물속에서 500 N 이면 이 돌의 체적은 몇 m^3 인가? (단, 공기의 부력은 무시한다.)

① 0.012 ② 0.028 ③ 0.034 ④ 0.045

풀이

$F_{부력} = \gamma_{액체} \times V_{잠김}$ 에서,

$941 - 500 = 9800 \times V_{물체}$,

$V_{물체} = \frac{441}{9800} = 0.045 \text{ m}^3$

정답 ④

체적 0.05 m^3인 구 안에 가득 찬 유체가 있다. 이 구를 그림과 같이 물속에 넣고 수직방향으로 100 N 의 힘을 가해서 들어 주면 구가 물속에 절반만 잠긴다. 구 안에 있는 유체의 비중량 [N/m^3] 은? (단, 구의 두께와 무게는 모두 무시할 정도로 작다고 가정한다.)

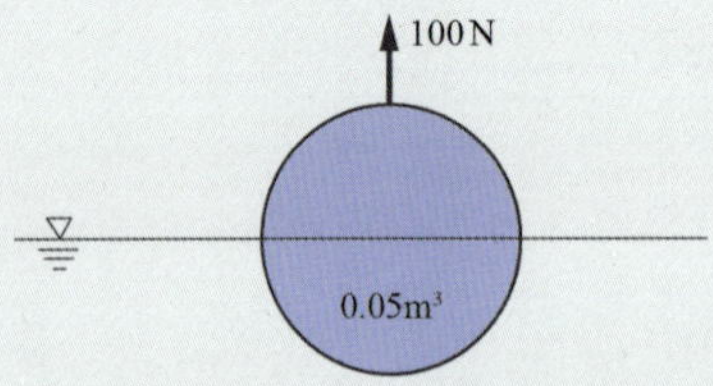

그림 7.3 물속에 잠긴 구의 부력(출처 : 소방설비기사 기출문제)

① 6,900 ② 7,250 ③ 7,580 ④ 7,850

풀이

$F_{부력} = F_{중량}$ 이고, 힘 100 N의 부력이 더해지므로

$F_{부력} + 100 = \gamma_{액체} \times V_{잠김} + 100 = \gamma_{구} \times V_{구}$,

$$\gamma_{구} = \frac{9,800 \times 0.025 + 100}{0.05} = 6,900$$

정답 ①

7-2 유체의 잠긴 면에 작용하는 힘

1. 수평면에 작용하는 힘　　정수압 #수평면 #원형 수문 #정수력
2. 연직평면에 작용하는 힘　연직평면 #작용점의 깊이 #중심까지의 깊이 #단면2차모멘트

1 수평면에 작용하는 힘

$$P = \gamma H$$
$$F = PA = \gamma HA = \gamma V$$

P	: 미치는 압력	[N/m^2]
F	: 미치는 힘	[N]
γ	: 유체의 비중량	[N/m^3]
H	: 잠긴 깊이	[m]
A	: 수직 단면적	[m^2]

- 바닥면에 작용하는 정수압은 수심의 깊이에 비례한다.
- 수평면의 중심점에 직각으로 작용한다.

실전문제

2 m 깊이로 물(비중량 9.8 kN/m^3)이 채워진 직육면체 모양의 물탱크 바닥에 지름 20 cm의 원형 수문을 닫았을 때 수문이 받는 정수력의 크기는 약 몇 kN 인가?

① 0.411　　② 0.616　　③ 0.784　　④ 0.46

풀이

물 2 m의 높이가 바닥의 원형수문에 작용하는 힘

$$F_W = \gamma HA = 9800 \times 2 \times \frac{\pi \times 0.2^2}{4} = 615.7536\,\text{N} = 0.616\,\text{kN}$$

정답 ②

2 연직평면에 작용하는 힘

1) 작용하는 힘

$$F_V = \gamma H_g A$$

F_V : 연직평면에 작용하는 힘 [N]
γ : 유체의 비중량 [N/m^3]
H_g : 중심까지의 깊이 [m]
A : 평면의 면적 [m^2]

- 연직평면에 작용하는 힘의 크기는 연직평면의 중심점까지 유체의 깊이에 의한 압력과 같다.

2) 힘의 작용점

$$H_c = H_g + \frac{I_o}{H_g \times A}$$

H_c : 작용점의 깊이 [m]
I_o : 수문의 단면2차모멘트 [m^4]
H_g : 중심까지의 깊이 [m]
A : 평면의 면적 [m^2]

3) 주요모형의 단면2차모멘트

모형	A	H_g	I_o
사각형	$b \times h$	$\frac{h}{2}$	$\frac{b \times h^3}{12}$
삼각형	$\frac{b \times h}{2}$	$\frac{2}{3}h$	$\frac{b \times h^3}{36}$
원형	$\frac{\pi D^2}{4}$	$\frac{D}{2}$	$\frac{\pi D^4}{64}$

실전문제

다음 그림과 같이 수심 3 m의 물을 막은 판이 폭 4 m 되는 연직으로 서있을 때 작용하는 힘과 작용점을 구하시오.

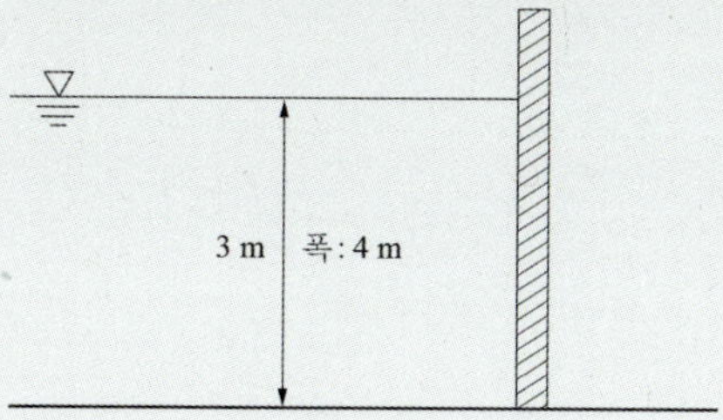

그림 7.4 **연직평면에 작용하는 힘**(출처 : 소방설비기사 기출문제)

① 176.4 kN, 2.0 m ② 176.4 N, 2.0 m ③ 176.4 kN, 1.5 m ④ 176.4 N, 1.5 m

풀이

$$F_V = \gamma H_g A = 9.8 \times \frac{3}{2} \times 3 \times 4 = 176.4\ \text{kN}$$

$$H_c = H_g + \frac{I_O}{H_g \times A} = 1.5 + \frac{\frac{4 \times 3^3}{12}}{1.5 \times 3 \times 4} = 2.0\ \text{m}$$

정답 ①

댐 수위가 2 m 올라갈 때 한 변 1 m인 정사각형 연직 수문이 받는 정수력이 20% 늘어난다면 댐 수위가 올라가기 전의 수문의 중심과 자유표면의 거리는? (단, 대기압 효과는 무시한다.)

① 2 m ② 4 m ③ 5 m ④ 10 m

풀이

수위가 2 m 상승한 경우의 연직 정수력은

$$F_{x+2m} = \gamma(H_x + 2m) \times A$$
$$= (9.8H_x + 19.6) \times 1m^2 = 9.8H_x + 19.6\#$$

수위가 상승하기 전의 수문 중심과 자유표면의 거리는

$$F_x = \gamma H_x A = 9.8H_x$$

$9.8H_x \times 1.2 = 9.8H_x + 19.6$이므로

$$(11.76 - 9.8)H_x = 19.6\#$$

$$H_x = 10\ \text{m}$$

정답 ④

그림과 같이 탱크에 비중이 0.8인 기름과 물이 들어있다. 벽면 AB에 작용하는 유체(기름 및 물)에 의한 힘은 약 몇 kN 인가? (단, 벽면 AB의 폭(y 방향)은 1 m이다.)

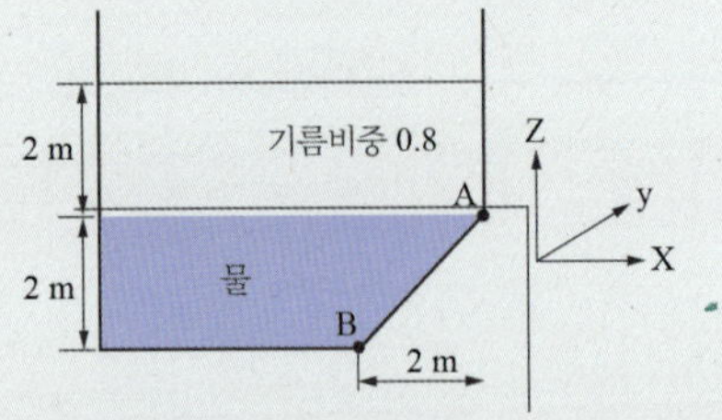

그림 7.5 벽면에 작용하는 힘(출처 : 소방설비기사 기출문제)

① 50 ② 72 ③ 82 ④ 96

풀이

빗변 A-B 사이의 거리 $L = \sqrt{2^2+2^2} = \sqrt{8} = 2.8284$ m

기름 2 m의 높이로 작용하는 힘
$F_O = \gamma HA = 9.8 \times 0.8 \times 2 \times 2.8284 = 44.3493$ kN

물 2 m의 높이가 빗변의 중심에 작용하는 힘
$F_W = \gamma HA = 9.8 \times \frac{2}{2} \times 2.8284 = 27.7183$ kN

두 힘의 합력
$F_T = F_O + F_W = 44.3493 + 27.7183 = 72.068$ kN

정답 ②

그림에서 점 A의 압력이 B의 압력보다 6.8 kPa 크다면, 경사관의 각도 θ는 몇 도[°] 인가? (단, S는 비중을 나타낸다.)

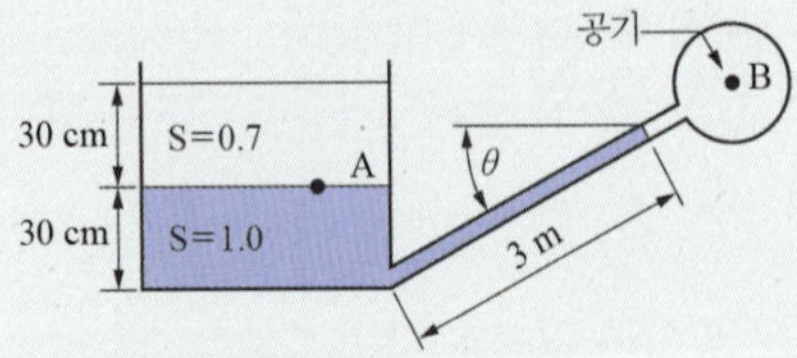

그림 7.5 수위에 의한 압력(출처 : 소방설비기사 기출문제)

① 12 ② 19.3 ③ 22.5 ④ 34.5

풀이

수조 바닥에서 압력은 양쪽에서 같으므로,

$\gamma_1 H_1 + \gamma_2 H_2 = P_B + 3\gamma_2 \sin\theta$,
$9.8\times0.7\times0.3 + 9.8\times1.0\times0.3 = P_B + 3\times9.8\times1.0\times\sin\theta$,
$P_B = 4.998 - 29.4\sin\theta$

$P_A - P_B = 6.8$ kPa 이므로,
$P_B = P_A - 6.8 = \gamma_1 H_1 - 6.8 = 9.8\times0.7\times0.3 - 6.8 = -4.742$ kPa

$-4.742 = 4.998 - 29.4\sin\theta$,
$\sin\theta = \dfrac{4.998 + 4.742}{29.4} = 0.3313$,
$\sin^{-1}0.3313 = 19.348°$

정답 ②

반지름이 같은 4분원 모양의 두 수문 AB와 CD에 작용하는 단위폭당 수직정수력의 크기의 비는? (단, 대기압은 무시하며 물속에서 A와 C의 압력은 같다.)

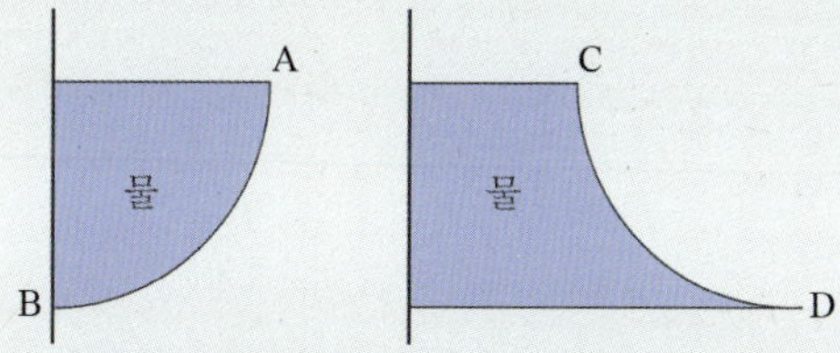

그림 7.5 사분원의 면에 작용하는 힘(출처 : 소방설비기사 기출문제)

① 1 : 1　　② $1 : \left(1 - \dfrac{\pi}{4}\right)$　　③ $1 : \dfrac{2}{3}$　　④ $\left(1 - \dfrac{\pi}{4}\right) : 1$

풀이

수위에 의 한 정수력은 해당 체적에 비중량을 곱하여 얻는다.

$$F = \gamma V$$

반지름과 체적이 같고 비중량도 같으므로 정수력도 같다.

정답 ①

그림에서 물에 의하여 점 B에서 힌지된 사분원 모양의 수문이 평형을 유지하기 위하여 잡아당겨야 하는 힘 T는 몇 kN 인가? (단, 폭은 1 m , 반지름 r (O–B)은 2 m, 사분원의 중심은 O점에서 왼쪽으로 $4r/3\pi$ 인 곳에 있으며, 물의 밀도는 1000 kg/m^{3}이다.)

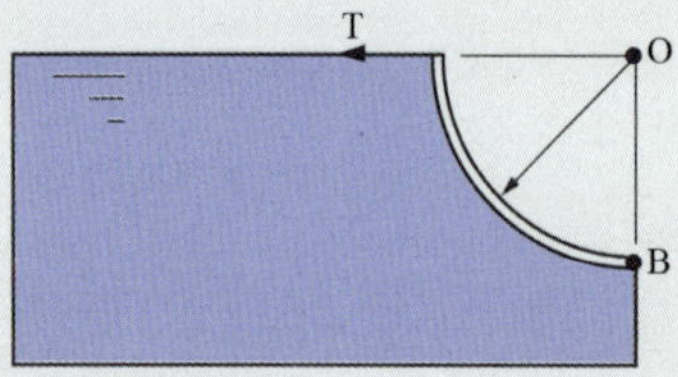

그림 7.6 사분원에 작용하는 힘(출처 : 소방설비기사 기출문제)

① 1.96　② 9.8　③ 19.6　④ 29.4

풀이

평형유지를 위한 힘 T,

$$T=\frac{\gamma\times r^2}{2}=\frac{9.8\times 2^2}{2}=19.6\text{ kN}$$

정답 ③

그림에서 호 AB면에 작용하는 수직분력은 약 몇 kN인가?

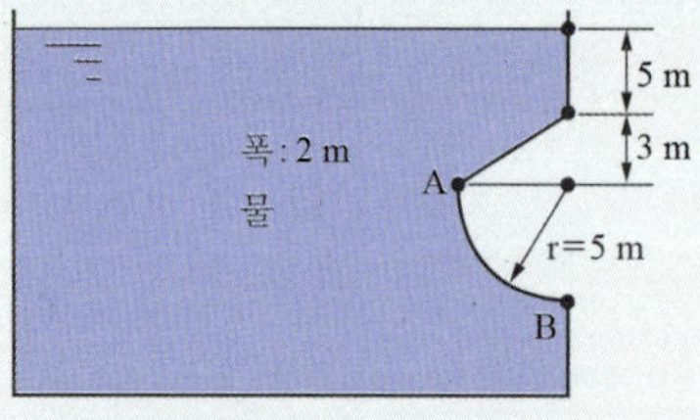

그림 7.7 잠긴 면에 작용하는 힘(출처 : 소방설비기사 기출문제)

① 1168.8　② 2323.4　③ 976.4　④ 568.34

풀이

$$F=\gamma V=\gamma WA=9.8\times 2\times[(5+3)\times 5+\frac{\pi\times 5^2}{4}]$$
$$=1168.65\text{ kN}$$

정답 ①

7-3 상당직경과 수력직경

1. 종횡비 #각형덕트 #장변 #단변 #Aspect Ratio #장방형 #종횡비
2. 상당직경 #상당직경 #Equivalent diameter #종횡비 #마찰손실
3. 수력직경 #수력직경 #Hydraulic diameter #레인놀즈 수 #층류 #난류 #수력반경

1 종횡비

- 각형덕트 등 사각형 유로의 단면에서 단변에 대한 장변의 비로 Aspect Ratio라 한다.
- 제연덕트를 시공하면서 반자 내부의 공간 확보 등을 위해 장방형으로 시공하고 있다.
- 종횡비가 커지면 마찰손실이 증가하고 이송효율이 떨어지므로 1.5~2 정도(최대 4 : 1)정도로 함이 바람직하다.

2 상당직경 Equivalent diameter

$$D_e = 1.3 \times \left(\frac{(a \times b)^5}{(a+b)^2} \right)^{\frac{1}{8}}$$

D_e	: 상당직경	[m]
a	: 장변	[m]
b	: 단변	[m]

- 제연덕트를 설계하는 경우 상당직경으로 환산하여 적용하는 것이 합리적이다.
- 종횡비가 클 경우 단면적이 동일하여도 상당직경은 줄어들어 적절한 덕트설계가 가능하기 때문이다.

3 수력직경 Hydraulic diameter

$$D_h = \frac{4A}{P}$$

D_h	: 수력직경	[m]
A	: 단면적	[m^2]
P	: 접수길이	[m]

- 유체흐름의 층, 난류를 판단하는 레이놀즈 수를 구하는 경우 사용한다.
- 정방형은 내접하는 원의 직경으로 계산되고, 원형관의 수력직경은 실제 직경과 같다.
- “수력직경 = 4×수력반경”

실전문제

한 변의 길이가 L 인 정사각형 단면의 수력직경 [D_h]은? (단, P는 유체의 젖은 단면둘레의 길이, A는 관의 단면적이며, $D_h = \frac{4A}{P}$로 정의한다.)

① $\frac{L}{4}$　　② $\frac{L}{2}$　　③ L　　④ $2L$

풀이

$$D_h = \frac{4A}{P} = \frac{4L^2}{4L} = L$$

정답 ③

그림과 같이 안지름 10 cm, 바깥지름 18 cm 인 매끈한 동심 2중관에 물이 가득차 흐르고 있다. 이 경우의 수력반경 R_h를 구하시오.

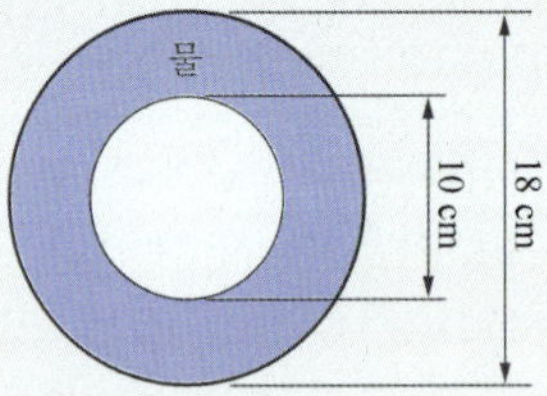

그림 7.8 중공원형관의 단면(출처 : 소방설비기사 기출문제)

① 1 cm　　② 2 cm　　③ 4 cm　　④ 8 cm

풀이

$$R_h = \frac{\text{단면적}}{\text{접수길이}} = \frac{\frac{\pi D_2{}^2}{4} - \frac{\pi D_1{}^2}{4}}{\pi D_1 + \pi D_2}$$

$$= \frac{0.18^2 - 0.1^2}{4\times(0.1+0.18)} = 0.02\ \text{m}$$

정답 ②

연습문제

01 다음은 어떤 힘을 설명하는 것인가?

유체에 잠긴 물체의 상·하면에 작용하는 중력방향의 압력차만큼 물체를 상향으로 밀어 올리려는 힘

① 중량　　② 부력
③ 관성력　　④ 항력

정답 ②
풀이 유체에 잠긴 물체를 중력의 반대방향으로 밀어 올리려는 힘을 부력이라 한다.

02 다음은 유체의 잠긴 면에 작용하는 힘에 대한 설명이다. 가장 거리가 먼 것은?

① 수평바닥면에 작용하는 정수압은 수심의 깊이에 비례한다.
② 수평바닥면에 작용하는 힘은 중심점에 수평으로 작용한다.
③ 연직평면에 작용하는 힘의 크기는 연직평면의 중심점까지 깊이에 의한 압력과 같다.
④ 수평바닥면에 미치는 압력은 유체의 비중량에 그 깊이를 곱하여 구해진다.

정답 ②
풀이 수평바닥면에 작용하는 힘은 중심점에 수직으로 작용한다.

03 수력직경에 대한 설명으로 옳은 것은?

① 수력직경은 수력반경의 2배이다.
② 접수길이는 유로 내부의 전체 둘레 길이이다.
③ 레이놀즈 수를 구하는 경우 사용한다.
④ 원형관의 수력반경은 실제 반경과 같다.

정답 ③
풀이 원형관의 수력직경은 실제 직경과 같다.

학습정리

1. 부력

- 잠긴 물체에 가해지는 압력은 아랫부분이 윗부분보다 그 높이차만큼 크다.
- 이 압력차로 인해 밀어 올리는 힘과 중력이 같아지는 높이에서 물체는 정지한다.
- 부력이란 유체에 잠긴 물체를 상향으로 밀어 올리려는 힘이다.
- 부력의 중심은 액체부피의 질량중심이 된다.
- 부력의 크기는 잠긴 물체에 의해 대체된 부피만큼의 액체의 무게와 같다.

2. 아르키메데스의 원리

- 물체가 잠긴 경우 그 잠긴 부피에 해당하는 유체무게만큼의 부력이 위로 작용한다.
- 같은 중량이라도 밀도가 다르면 부피가 다르다.
- 부피가 다르면 물속에 넣었을 때 넘치는 물의 양도 다르다.

3. 유체에 잠긴 면에 작용하는 힘

- 수조의 바닥면에 작용하는 힘은 수심의 깊이에 비례한다.
- 수조의 바닥면에 작용하는 힘은 수평면인 바닥면에 직각으로 작용한다.
- 연직평면에 작용하는 힘의 크기는 연직평면의 중심까지의 깊이에 의한 압력과 같다.

CHAPTER 08

동수역학 이론

학습목표

- 정상류와 비정상류를 구분하여 설명할 수 있다.
- 베르누이의 정리와 오일러의 운동방정식의 상호관계를 유도해 설명할 수 있다.
- 운동량 보존의 법칙을 이해하고 관련문제를 풀어낼 수 있다.

학습목차

- 정상류와 연속방정식
- 오일러의 운동방정식과 베르누이의 정리
- 운동량 보존의 법칙

복습점검

1. 유체에 잠긴 물체의 중량은 그 잠긴 만큼의 체적과 그 물체의 비중량을 곱해서 구한다.

   답 × 물체의 중량은 유체에 잠긴 만큼의 체적과 유체의 비중량을 곱해서 구할 수 있다.

2. 수평바닥면에 작용하는 힘은 바닥면에 수평으로 작용한다.

   답 × 수평바닥면에 작용하는 힘은 바닥면에 수직으로 작용한다.

3. 수력직경은 수력반경의 4배이며, 레이놀즈 수를 구하는 경우에 사용한다.

   답 ○ 수력직경은 수력반경의 4배이며, 레이놀즈 수를 구하는 경우에 사용한다.

8-1 정상류와 연속방정식

1. 정상류 #정상류 #압축성유체 #비압축성유체 #점성유체 #비점성유체 #이상유체 #실제유체
2. 연속방정식 #연속방정식 #질량보존의 법칙 #질량유량 #체적유량

1 정상류

1) 정의

- 정상류란 유체의 속도, 압력, 밀도, 온도가 시간에 따라 변하지 않는 흐름이다.
- 정상류는 베르누이 정리의 가정 조건이다.

2) 유체의 분류

구분	종류	특성
압축	압축성유체	• 온도나 압력에 따라 밀도가 변화 = 기체 • 온도가 상승하면 밀도는 감소하고 압력이 상승하면 밀도가 높아진다.
	비압축성유체	• 온도나 압력이 변해도 밀도가 일정 = 액체
점성	점성유체	• 점성이 있어 전단응력이 발생하는 유체
	비점성유체	• 점성이 없는 전단응력이 발생하지 않는 가상의 유체
이론	이상유체	• 비압축성이고 점성이 없는 유체 • 온도나 압력이 변해도 밀도가 일정하고 마찰손실이 없는 가상의 유체
	실제유체	• 압축성이고 점성이 있는 유체 • 온도나 압력에 따라 밀도가 변하고 마찰손실이 있는 유체

2 연속방정식

1) 개요

- 검사체적에 단위시간 당 유입되는 유체의 질량과 유출되는 유체의 질량은 같다.
- 연속방정식은 질량보존의 법칙을 유체에 적용한 식이다.

2) 연속방정식의 증명

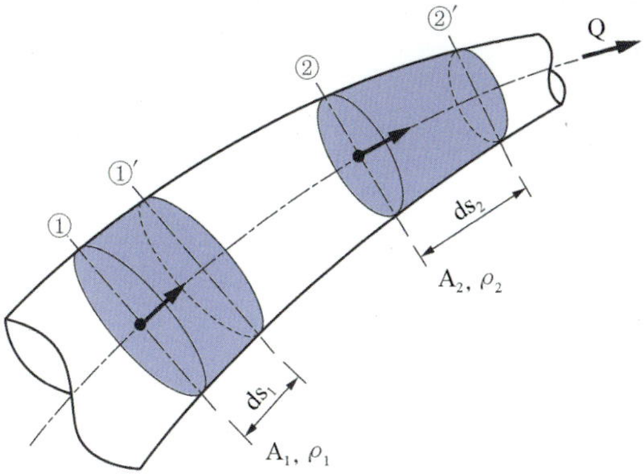

그림 8.1 순간적으로 흐른 유체의 체적

- 단면①에서의 단위시간 흐르는 질량을 $\dfrac{\Delta m_1}{\Delta t}$, 단면②에서는 $\dfrac{\Delta m_2}{\Delta t}$라 하자.
- 비압축성 유체가 같은 시간동안 흐른 질량은 두 지점에서 같으므로,

$$\frac{\Delta m_1}{\Delta t} = \frac{\Delta m_2}{\Delta t} \quad \cdots\cdots \text{식 ⓐ}$$

- 여기서, 질량 $m = \rho_1 \Delta V_1 = \rho_1 A_1 \Delta s_1$ 이므로,

$$\frac{\Delta m_1}{\Delta t} = \rho_1 A_1 \frac{\Delta s_1}{\Delta t} = \rho_1 A_1 v_1 \quad \cdots\cdots \text{식 ⓑ}$$

- 식ⓐ에 식ⓑ를 대입하면,

$$\rho_1 A_1 v_1 = \rho_2 A_2 v_2 = const \quad \cdots\cdots \text{식 ⓒ (질량유량)}$$

- 식ⓒ의 각 항에서의 단위는 단위시간 당 흐르는 질량[kg/s]으로써 이를 질량유량이라 한다.
- 중량은 질량에 중력가속도를 곱해서 얻어 진다.

$$F = ma \quad \cdots\cdots \text{식 ⓓ}$$

- 식ⓓ에 식ⓒ를 대입하면 $\rho \times g = \gamma$ 이므로,

$$\gamma_1 A_1 v_1 = \gamma_2 A_2 v_2 = const \quad \cdots\cdots \text{식 ⓔ (중량유량)}$$

- 비압축성 유체는 밀도, 비중량의 변화가 없으므로,

$$A_1 v_1 = A_2 v_2 = const$$ ······························ 식 ⓕ (체적유량)

- 속도 A와 속도 v를 곱하여 얻어지는 체적유량을 Q[m³/s]로 하면,

$$Q = A \times V$$

Q	: 체적유량	[m^3/s]
A	: 단면적	[m^2]
V	: 속도	[m/s]

- 이렇게 비압축성 유체의 체적유량을 단면적과 속도의 곱으로 구하는 연속방정식을 증명할 수 있다.

실전문제

연속방정식에 대한 설명으로 가장 적합한 것은?

① 질량보존의 법칙을 만족한다.
② 뉴턴의 제2법칙을 만족시키는 방정식이다.
③ 단면적과 유량은 서로 반비례한다는 관계를 구할 수 있다.
④ 실제유체의 경우 경계면에서 속도는 상대적으로 0 이어야 한다.

풀이

연속방정식은 비압축성유체의 흐름에서 질량보존의 법칙을 만족한다.

정답 ①

다음 설명 중 틀린 것은?

① 정상유동은 유동장에서 유체흐름의 특성이 시간에 따라 흐르지 않는 흐름을 말한다.
② 직관로 속의 어느 지점에서 항상 일정한 유속을 가지는 흐름은 정상류로 볼 수 있다.
③ 연속방정식은 질량보존의 법칙을 나타낸 것이다.
④ 체적유량이 일정하다는 것은 압축성 유체에 적용하는 연속방정식이다.

풀이

- 체적유량이 일정하다는 것은 비압축성 유체에 적용된다.

정답 ④

그림과 같은 관을 흐르는 유체의 연속방정식을 맞게 기술한 것은?

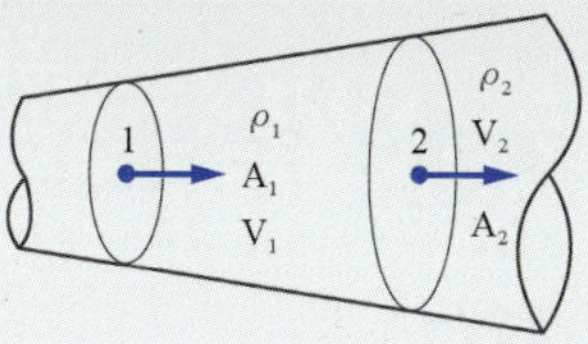

그림 8.2 관을 흐르는 유체(출처 : 소방설비기사 기출문제)

① 방정식은 $\rho_1 A_1 V_1 = \rho_2 A_2 V_2$로 표시된다. ② 배관 내의 속도가 일정하다.
③ 방정식은 $\rho_1 A_1 = \rho_2 A_2$로 표시된다. ④ 방정식은 $\rho_1 V_1 = \rho_2 V_2$로 표시된다.

풀이

연속방정식은 질량보존의 법칙을 만족하여 질량, 중량, 체적 유량이 일정함을 증명한다.

정답 ①

---

392 N/s의 물이 지름 20 cm의 관속에 흐르고 있을 때 평균 속도는 약 몇 m/s 인가?

① 0.127 ② 1.27 ③ 2.27 ④ 12.7

풀이

$$Q = AV,\ \ V = \frac{Q}{A} = \frac{4 \times (392 \times \frac{1\ \mathrm{m^3}}{9800\ \mathrm{N}})}{\pi \times 0.2^2} = 1.273\ \mathrm{m/s}$$

정답 ②

에너지구배선(EGL)에 대한 설명으로 옳은 것은?

① 수력구배선보다 아래에 있다.
② 압력수두와 속도수두의 합이다.
③ 속도수두와 위치수두의 합이다.
④ 수력구배선보다 속도수두 만큼 위에 있다.

풀이

EGL	HGL
속도 E + 압력 E + 위치 E	압력 E + 위치 E

정답 ④

8-2 오일러의 운동방정식과 베르누이 정리

1. 오일러의 운동방정식	#오일러 운동방정식 #뉴턴의 제2법칙 #오일러 방정식의 조건 #유선 #유맥선 #유적선 #시간선
2. 베르누이 정리	#베르누이 정리 #압력에너지 #속도에너지 #위치에너지 #오일러 방정식 #수정 베르누이

1 오일러의 운동방정식

1) 정의

- 오일러의 운동방정식은 유체의 밀도, 위치 및 운동량 에너지의 보존을 나타낸다.

$$\frac{1}{\rho}dp + gdz + vdv = const$$

ρ	: 밀도	[kg/m^3]
p	: 압력	[N/m^2]
g	: 중력가속도	[m/s^2]
z	: 수두	[m]
v	: 유속	[m/s]

- 뉴턴의 제2법칙(가속도의 법칙)을 유선을 따라 흐르는 유체의 비점성 유동에 적용하였다.

2) 오일러 방정식의 조건

- 유체입자는 유선을 따라 유동한다.
- 정상유동이다.
- 마찰손실이 없다. (= 비점성 유체이다.)
- 비압축성 유체이다. (= 밀도가 일정하다.)

실전문제

오일러의 운동방정식은 유체운동에 대하여 어떠한 관계를 표시하는가?

① 유체입자의 운동경로와 힘의 관계를 나타낸다.
② 유선에 따라 유체의 질량이 어떻게 변화하는가를 표시한다.
③ 유체가 가지는 에너지와 이것이 하는 일과의 관계를 표시한다.
④ 비점성 유동에서 유선상의 한 점을 통과하는 유체입자의 가속도와 그것에 미치는 힘과의 관계를 표시한다.

풀이

오일러 방정식 조건
- 유체입자는 유선을 따라 유동한다.
- 정상유동이다.
- 마찰손실이 없다.
- 비압축성 유체이다.

정답 ④

3) 유체경로의 표현

유선 stream line	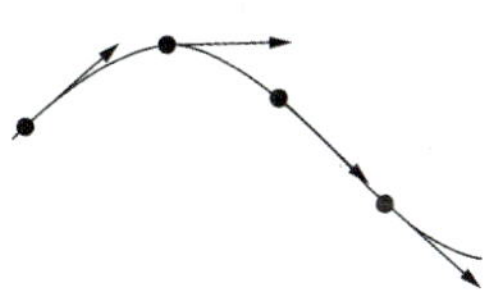	• 한 순간 모든 점에서 입사속도의 방향에 접하는 곡선 • 형광입자들의 흐름을 순간촬영하면 순간움직임의 방향으로 짧은 직선들이 나타나고 이 선들의 모임으로 유선을 가시화 할 수 있다. • 각 입자의 속도는 유일하므로 유선은 서로 교차할 수 없다.
유맥선 streak line	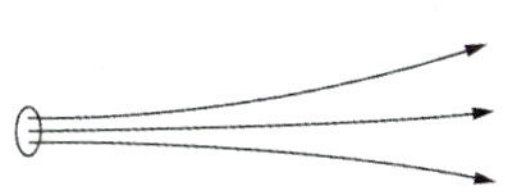	• 한 점을 지난 입자들을 이은 선 • 한 점에서 방출되는 형광입자들이 흘러가는 경로를 모아서 나타낸다.
유적선 path line	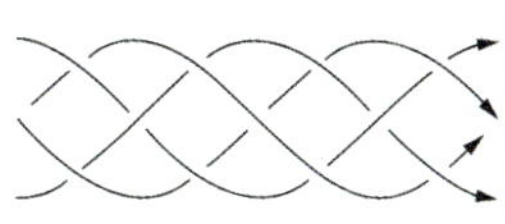	• 한 입자가 일정한 기간 동안 움직인 경로 • 노출시간을 길게 촬영하면 형광입자들이 움직인 경로가 나타난다. • 각 입자의 경로는 시간차를 두고 서로 교차할 수 있다.
시간선 time line	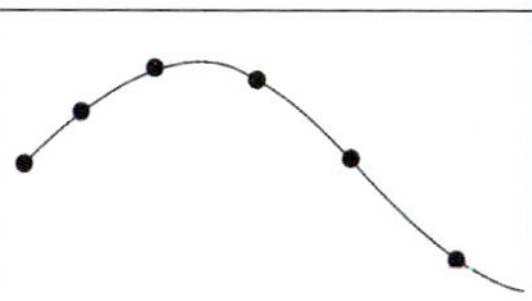	• 한 입자가 일정한 간격의 매 시간마다 위치한 지점을 표현한 선

그림 8.3 유체경로의 표현

실전문제

굴뚝에서 나온 연기 형상을 촬영하였다면 이 형상은 다음 중 무엇에 가장 가까운가?

① 유선(stream line) ② 유맥선(streak line)
③ 시간선(time line) ④ 유적선(path line)

풀이

유맥선 : 한 점을 지난 입자들을 이은 선

정답 ②

2 베르누이 정리

1) 정의

- 유선(stream line)을 따라 흐르는 유체는 모든 형태의 에너지를 합한 값이 항상 일정하다.
- 압력에너지 + 속도에너지 + 위치에너지 = 일정

2) 오일러 방정식에서의 유도

- 오일러 방정식은 유체의 압력, 위치, 속도의 순간, 변화하는 에너지의 합은 일정하다는 에너지 보존을 나타낸다.

$$\frac{1}{\rho}dp + vdv + gdz = const \quad \cdots\cdots \text{식 ⓐ}$$

- 각 항을 적분하면 순간변화의 양을 특정할 수 있으므로 그 합을 상수 k로 할 수 있다.

$$\int \frac{1}{\rho}dp + \int vdv + \int gdz = k \quad \cdots\cdots \text{식 ⓑ}$$

$$\int \frac{1}{\rho}dp + \frac{v^2}{2} + gz = k$$

- 비압축성 유체는 밀도가 일정하므로,

$$\frac{p}{\rho} + \frac{v^2}{2} + gz = k \quad \cdots\cdots \text{식 ⓒ}$$

• 여기서 각 항의 단위는 $[m^2/s^2]$이다. 각 항을 중력가속도 g로 나누면,

$$\frac{p}{\gamma}+\frac{v^2}{2g}+z=H\,[\mathrm{m}] \quad \cdots\cdots \text{식 ⓓ}$$

3) 에너지식에서의 유도

• 에너지는 힘이 작용한 거리로 구해진다.

$$\text{에너지 } E=F\times S=\int Fds$$

• 운동량에 따른 에너지는 질량에 작용하는 가속도로 해석되므로,

$$\int Fds=\int(ma)ds=\int\left(m\frac{dv}{dt}\right)ds=\int mvdv=\frac{1}{2}mv^2\,[\mathrm{J}] \quad \cdots\cdots \text{식 ①}$$

• 위치에 따른 에너지는 질량에 작용하는 중력가속도로 해석되므로,

$$\int Fds=\int mgds=mgZ\,[\mathrm{kg_f.m}] \quad \cdots\cdots \text{식 ②}$$

• 압력에 의한 에너지는 면적을 곱해 구해지므로,

$$\int Fds=\int PAds=\int PdV=PV\,[\mathrm{kg_f\cdot m}] \quad \cdots\cdots \text{식 ③}$$

• 에너지 보존의 법칙에 의해 운동량 ①, 위치 ②, 압력 ③ 으로 구해지는 에너지를 모두 합한 값은 일정하다.

$$\frac{1}{2}mv^2+mgZ+PV=const \quad \cdots\cdots \text{식 ④}$$

4) 에너지, 수두, 압력 변환

표현	베르누이
E 에너지	에너지 일정 → 운동에너지 + 위치에너지 + 압력에너지 = 일정 $\frac{1}{2}mv^2 + mgZ + PV = C\ [\text{kg}_f \cdot\ \text{m}] = $ 일[J] ·········· ① $\left[\frac{PV}{mg} = \frac{P}{\rho g} = \frac{P}{\gamma}\right]$
H 수두	전수두 일정 → 속도수두 + 위치수두 + 압력수두 = 일정 ① 식에 mg를 나누면 $\frac{v^2}{2g} + Z + \frac{P}{\gamma} = C[\text{m}] = $ 수두 ································ ② 여기서, $\frac{v^2}{2g}$: 속도수도, Z : 위치수두, $\frac{P}{\gamma}$: 압력수두
P 압력	전압 일정 → 동압 + 낙차압 + 정압 = 일정 ② 식에 γ를 곱하면 $\frac{v^2}{2g}\gamma + Z\gamma + P = C[\text{kg}_f/\text{m}^2] = $ 압력 여기서, $\frac{v^2}{2g}\gamma$ = 동압, $Z\gamma$: 낙차압, P : 정압

5) 수정 베르누이 방정식

- 실제유체는 점성을 가져 마찰손실이 발생한다.
- 수정베르누이 방정식은 실제유체의 마찰손실을 감안한 방정식이다.

$$h_L : \text{손실수두} \qquad \frac{p_1}{\gamma} + \frac{v_1^2}{2g} + z_1 = \frac{p_2}{\gamma} + \frac{v_2^2}{2g} + z_2 + h_L$$

실전문제

베르누이 방정식을 실제유체에 적용시키려면?

① 손실수두의 항을 삽입시키면 된다.
② 실제유체에는 적용이 불가능하다.
③ 베르누이 방정식의 위치수두를 수정하여야 한다.
④ 베르누이 방정식은 이상유체와 실제유체에 같이 적용된다.

풀이

수정베르누이는 실제유체의 마찰손실수두를 베르누이 정리에 반영하였다.

정답 ①

유체의 흐름에서 다음의 베르누이 방정식이 성립하기 위한 조건을 설명한 것으로 옳지 않은 것은?

$$\frac{p_1}{\gamma} + \frac{v_1^2}{2g} + z_1 = \frac{p_2}{\gamma} + \frac{v_2^2}{2g} + z_2$$

① 유체는 정상유동을 한다.
② 비압축성 유체의 흐름으로 본다.
③ 적용되는 임의의 두 점은 같은 유선상에 있다.
④ 마찰에 의한 에너지 손실은 유체의 손실수두로 환산한다.

풀이
마찰에 의한 에너지 손실을 반영한 수정베르누이식은 아니다.

정답 ④

펌프의 일과 손실을 고려할 때 베르누이 수정방정식을 바르게 나타낸 것은? (단, H_P와 H_L은 펌프의 수두와 손실수두를 나타내며, 하첨자 1, 2는 각각 펌프의 전후 위치를 나타낸다.)

① $\frac{v_1^2}{2g} + \frac{P_1}{\gamma} + z_1 = \frac{v_2^2}{2g} + \frac{P_2}{\gamma} + H_L$

② $\frac{v_1^2}{2g} + \frac{P_1}{\gamma} + z_1 + H_P = \frac{v_2^2}{2g} + \frac{P_2}{\gamma} + H_L$

③ $\frac{v_1^2}{2g} + \frac{P_1}{\gamma} + H_P = \frac{v_2^2}{2g} + \frac{P_2}{\gamma} + z_2 + H_L$

④ $\frac{v_1^2}{2g} + \frac{P_1}{\gamma} + z_1 + H_P = \frac{v_2^2}{2g} + \frac{P_2}{\gamma} + z_2 + H_L$

풀이
펌프 이전의 수두 + 펌프의 수두 = 펌프 이후의 수두 + 그사이 손실된 수두

정답 ④

관내에서 물이 평균속도 9.8 m/s 로 흐를 때의 속도수두는 몇 m 인가?

① 4.9　　② 9.8　　③ 48　　④ 128

풀이

속도수두 $H_v = \frac{v^2}{2g} = \frac{9.8^2}{2 \times 9.8} = 4.9\ [\mathrm{m}]$

정답 ①

그림과 같이 두 개의 가벼운 공의 사이로 빠른 기류를 불어 넣으면 두 개의 공은 어떻게 되겠는가?

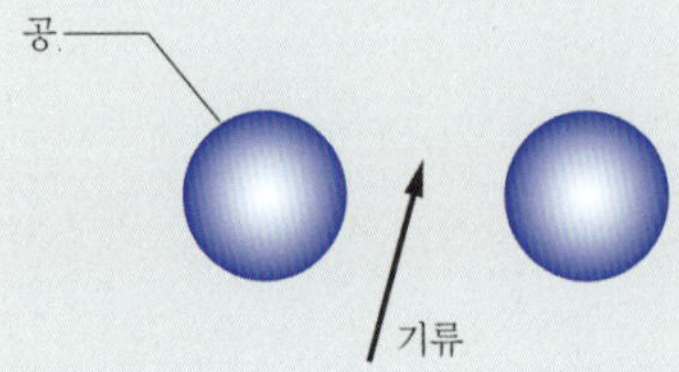

그림 8.4 두 공사이의 기류(출처 : 소방설비기사 기출문제)

① 뉴턴의 법칙에 따라 벌어진다.
② 뉴턴의 법칙에 따라 가까워진다.
③ 베르누이의 법칙에 따라 벌어진다.
④ 베르누이의 법칙에 따라 가까워진다.

풀이

공 사이의 기류가 빨라지면 속도수두의 증가로 압력수두가 낮아진다.

정답 ④

8-3 운동량 보존의 법칙

1. 운동량의 해석	#운동량 #계 #작용하는 힘 #보존
2. 운동량 보존의 법칙	#운동량 #총운동량 #뉴턴의 제3법칙 #합력 #외력 #벡터 합

1 운동량(momentum)의 정의

- 외부에서 힘이 작용하지 않는 계 전체에서의 운동량은 변하지 않는다는 법칙
- 물체는 작용하는 힘에 의해 속도가 변한다.
- 힘이 작용하지 않은 물체는 운동을 하지 않거나 운동하던 상태를 유지한다.

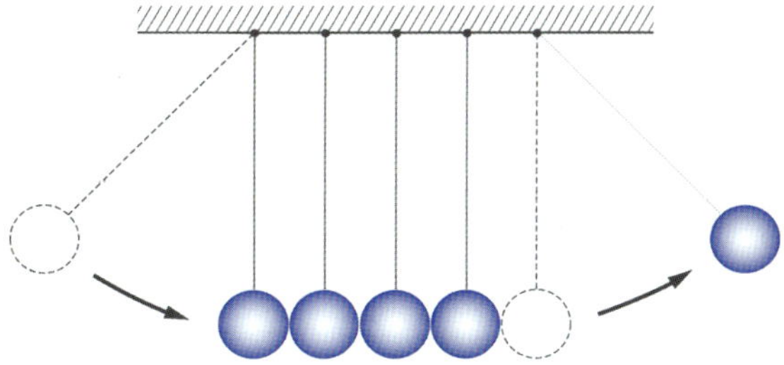

그림 8.5 구슬의 운동량 전달

- 계 내부에서의 물체가 충돌하여 서로 운동량을 주고 받더라도 계 전체에서의 운동량은 일정하게 보존된다.

2 운동량(momentum) 보존의 법칙

- 운동량은 질량과 속도의 곱으로 구해진다.

$$M = mv$$

M	: 운동량	[kg · m/s]
m	: 질량	[kg]
v	: 속도	[m/s]

• 두 입자가 상호운동을 하면, 두 입자의 총 운동량은

$$M_T = M_1 + M_2$$

M : 운동량 [kg · m/s]

• 두 입자의 운동량에 시간적 변화율을 구하면,

$$\frac{dM_T}{dt} = \frac{dM_1}{dt} + \frac{dM_2}{dt}$$

$\frac{dM}{dt}$: 힘의 순간변화율 [kg · m/s^2]

• 뉴턴의 제3법칙에 의해 힘의 합력은 0 이다.

$$F_T = F_1 + F_2 = 0$$

F : 힘 [kg · m/s^2]

• 외력이 작용하지 않거나 외력의 벡터 합이 0이라면, 계의 총 운동량은 변하지 않고 보존된다는 것을 알 수 있다.

실전문제

단순화된 선형운동량 방정식이 성립되기 위하여 보기 중 필요한 조건을 모두 고른다면?

[보기]		
(가) 정상상태	(나) 균일유동	(다) 비정상유동

① (가) ② (가), (나) ③ (나), (다) ④ (가), (나), (다)

풀이

정상류란 유체의 속도, 압력, 밀도, 온도가 시간에 따라 변하지 않는 흐름이다.
정상류는 베르누이 정리의 가정 조건이다.

정답 ②

다음 설명 중 맞는 것은?

① 에너지선은 항상 수력 기울기선 아래에 있다.

② 질량과 속도의 곱을 운동량이라 한다.

③ 베르누이 방정식은 질량보존의 법칙을 나타낸다.

④ 레이놀즈 수의 물리적 의미는 점성력과 표면장력의 비를 나타내는 것이다.

풀이

- 에너지선은 항상 수력 기울기선 위에 있다.
- 베르누이 방정식은 에너지보존의 법칙을 나타낸다.
- 레이놀즈 수는 관성력과 점성력의 비를 나타내는 것이다.

정답 ②

검사표면에 있는 지름 2 cm의 구멍을 통하여 물이 3 m/s로 분출될 때, 구멍을 통한 운동량 유출률은 약 몇 N 인가?

① 0.94　　② 1.41　　③ 2.83　　④ 8.48

풀이

$$F = \frac{mv}{t} = \rho Q v = \rho A v^2$$

$$= 1000 \times \frac{\pi \times 0.02^2}{4} \times 3^2 = 2.826$$

정답 ③

연습문제

01 연속방정식에 대한 설명으로 옳은 것은?

① 연속방정식은 압축성 유체에 적용할 수 있다.
② 밀도가 일정한 질량유량은 체적유량으로 변환할 수 있다.
③ 에너지 보존의 법칙을 유체에 적용한 식이다.
④ 비압축성 유체가 같은 시간동안 흐른 질량유량의 차이를 구한다.

정답 ②
풀이 밀도가 일정한 비압축성 유체의 흐름은 체적유량으로 변환할 수 있다.

02 유체에서의 오일러 운동방정식을 적용하기 위한 조건으로 잘못된 것은?

① 유체입자는 점성유체이다.
② 유체는 밀도가 일정하다.
③ 유체입자는 유선을 따라 이동한다.
④ 유체는 흐르는 과정에서 마찰손실이 없다.

정답 ①
풀이 점성이 없어 마찰손실이 없는 비압축성의 유선을 따르는 정상유동에 적용한다.

03 운동량에 대한 설명으로 옳은 것은?

① 질량과 속도의 곱으로 구한다.
② 베르누이 방정식은 질량보존의 법칙을 나타낸다.
③ 오일러 방정식을 통해 마찰손실을 구할 수 있다.
④ 레이놀즈 수는 관성력과 표면장력의 비를 나타낸다.

정답 ①
풀이 베르누이 방정식은 에너지보존을 타나낸다.

학습정리

1. 정상류

- 정상류란 유체의 속도, 압력, 밀도, 온도가 시간에 따라 변하지 않는 흐름이다.
- 정상류는 베르누이 정리의 가정 조건이다.

2. 연속방정식

- 검사체적에 단위시간당 유입되는 유체질량과 유출되는 유체의 질량은 같다.
- 연속방정식은 질량보존의 법칙을 유체에 적용한 식이다.

3. 오일러의 운동방정식

- 오일러의 운동방정식은 유체의 밀도, 위치 및 운동량 에너지의 보존을 나타낸다.
- 뉴턴의 제2법칙(가속도의 법칙)을 유선을 따라 흐르는 유체의 비점성 유동에 적용하였다.
- 유선을 따라 흐르고, 정상유동이고, 마찰손실이 없으며, 비압축성 유체의 경우에 적용한다.

4. 베르누이 정리

- $\frac{p}{\gamma}+\frac{v^2}{2g}+z=H\ [\mathrm{m}]$
- 수정베르누이 정리

$$\frac{p_1}{\gamma}+\frac{{v_1}^2}{2g}+z_1=\frac{p_2}{\gamma}+\frac{{v_2}^2}{2g}+z_2+h_L$$

5. 운동량 보존의 법칙

- 외부에서 힘이 작용하지 않는 계 전체에서의 운동량은 변하지 않는다.
- 계 내부에서의 물체가 충돌하여 서로 운동량을 주고받더라도 계 전체에서의 운동량은 일정하게 보존된다.

CHAPTER 09

동수역학 활용 1

학습목표

- 관계치를 측정하여 압력을 간접적으로 산정해낼 수 있다.
- 관계치를 측정하여 유속을 간접적으로 산정해낼 수 있다.
- 관계치를 측정하여 유량을 간접적으로 산정해낼 수 있다.

학습목차

- 압력의 측정
- 유속의 측정
- 유량의 측정

복습점검

1. 연속방정식은 에너지 보존의 법칙을 유체에 적용한 것이다.

   답 × 연속방정식은 질량 보존의 법칙을 유체에 적용한 것이다.

2. 유체에서의 오일러 방정식은 비압축성의 정상유동에 적용한다.

   답 ○ 점성이 없어 마찰손실이 없는 비압축성의 유선을 따르는 정상유동에 적용한다.

3. 운동량은 질량과 속도의 곱으로 구한다.

   답 ○ 운동량의 물리량은 질량과 속도를 곱해 구한다.

9-1 압력의 측정

1. 압력계의 종류	#액주식압력계 #manometer #탄성식압력계 #브르돈관 #다이아프램 #벨로우즈
2. 정압 static pressure	#정압 #static pressure #압력계

1 압력계의 종류

1) 액주식 압력계 manometer

- 액주의 밑면에 작용하는 힘의 크기는 액주의 높이에 비례한다.

$$Hs = \frac{Ps}{\gamma},\ Ps = \gamma Hs$$

Hs	:	액주의 높이	[m]
Ps	:	압력	[N/m^2]
γ	:	비중량	[N/m^3]

- 압력에 따라 달라지는 액주의 높이를 이용해 압력을 측정한다.
- 액주의 형태에 따라 단관식, U자형, 경사관형이 있다.

2) 탄성식 압력계

- 수압부의 압력변화에 따라 변형이 일정하게 발생하는 탄성체의 탄성변형을 이용한다.
- 탄성체의 종류에 따라 부르돈관식, 다이아프램식, 벨로우즈식 등이 있다.
- 기계적 마찰과 경년변화에 따라 오차가 발생하나 구조가 간단하고 내구성이 우수해 많이 사용되고 있다.

2 정압 static pressure

- 관벽에서 측정되는 압력이다.
- 배관에 일반적으로 설치되는 압력계에서 측정된다.

$$Hs = \frac{P}{\gamma}$$

Hs	: 정압수두	[m]
γ	: 비중량	[N/m^3]
P	: 정압	[N/m^2]

- 측정된 압력을 비중량으로 나누면 정압수두를 구할 수 있다.

실전문제

타원형 단면의 금속관이 팽창하는 원리를 이용하는 압력측정장치는?

① 액주계 ② 수은기압계 ③ 경사미압계 ④ 브르돈압력계

풀이

부르돈 압력계는 타원형단면의 금속관이 팽창하는 원리를 이용한다.

정답 ④

표준대기압에서 진공압이 400 mmHg일 때, 절대압력은 약 몇 kPa인가? (단, 표준대기압은 101.3 kPa, 수은의 비중은 13.6이다.)

① 48 ② 53 ③ 149 ④ 154

풀이

진공압 = 표준대기압 − 절대압

절대압 = 표준대기압 − 진공압

$$= 101.3 - 400 \times \frac{101.325 \text{ kPa}}{760 \text{ mmHg}} = 47.971 \text{ kPa}$$

정답 ①

그림과 같이 밀폐된 용기 내 공기의 계기압력은 몇 Pa인가?

① 1,200 ② 1,500 ③ 11,760 ④ 14,700

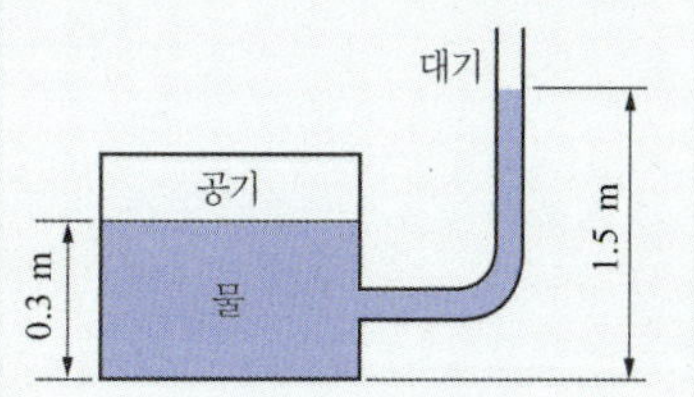

(출처 : 소방설비기사(기계분야) 기출문제)

풀이

공기의 계기압수두 $+0.3\text{mAq} = +1.5\ \text{mAq}$,

공기의 계기압수두 $= 1.5 - 0.3$,

$$= 1.2\ \text{mAq} \times \frac{101,325\ \text{Pa}}{10.332\ \text{mAq}} = 11,768.2927$$

정답 ③

그림과 같이 두 기체통에 수은 액주계(마노미터)를 연결하였을 때, 높이차[h]가 20 cm이었다. 두 기체통의 압력 차이는 몇 Pa인가? (단, 채워진 기체의 밀도는 수은에 비해 매우 작고, 수은의 비중량은 133 kN/m^{3}이다.)

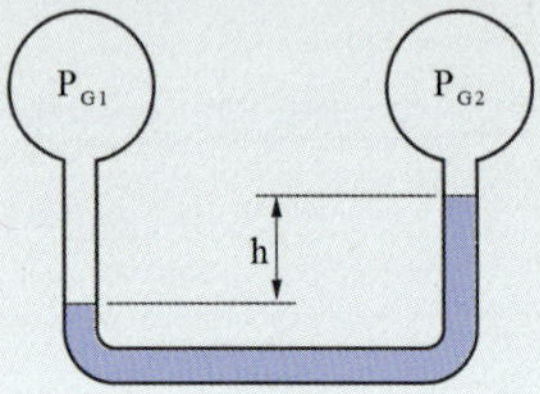

(출처 : 소방설비기사(기계분야) 기출문제)

① 26.6 ② 266 ③ 2660 ④ 26600

풀이

$\Delta P = (\gamma_{수은} - \gamma_{기체})h$, $\gamma_{기체}$는 매우 작아 무시하면,

$\Delta P = 133,000 \times 0.2 = 26,600\ \text{N/m}^2$

정답 ④

다음 시차압력계에서 압력차[$P_A - P_B$]는 몇 kPa인가? (단, $H_1 = 300$ mm, $H_2 = 200$ mm, $H_3 = 800$ mm이고 수은의 비중은 13.6이다.)

① 21.76 ② 31.07

③ 217.6 ④ 310.7

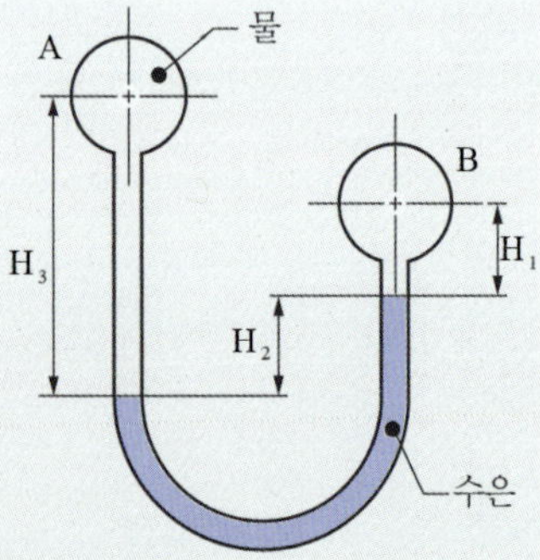

(출처 : 소방설비기사(기계분야) 기출문제)

풀이

$$P_A + \gamma_{물} H_3 = P_B + \gamma_{수은} H_2 + \gamma_{물} H_1$$

$$P_A - P_B = \gamma_{수은} H_2 + \gamma_{물} H_1 - \gamma_{물} H_3$$

$$= 13.6 \times 9.8 \times 0.2 + 9.8 \times 0.3 - 9.8 \times 0.8 = 21.756\ \text{kN/m}^2$$

정답 ①

9-2 유속의 측정

1. 동압(dynamic pressure)	#동압 #dynamic pressure #운동에너지 #동압수두
2. 전압(total pressure)	#전압 #total pressure #피토정압관

1 동압 dynamic pressure

- 유체가 흐르는 속도에 따른 운동에너지를 측정한 압력이다.
- 관의 중심에서 정압과 합한 값으로 측정한다.

$$Hv = \frac{v^2}{2g}$$

Hv	: 동압수두	[m]
g	: 중력가속도	[m/s²]
v	: 유속	[m/s]

- 유체가 빠르게 흐를수록 동압수두는 높아진다.

2 전압 total pressure

$$H_T = Hs + Hv$$

H_T	: 전압	[m]
Hs	: 정압	[m]
Hv	: 동압	[m]

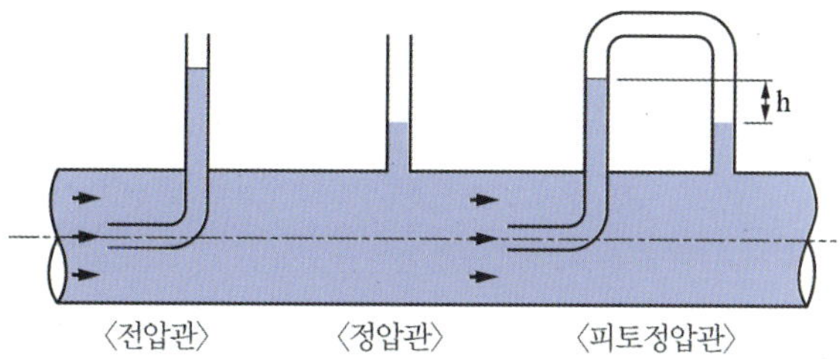

그림 9.1 피토정압관

- 정압과 동압의 합을 전압이라 한다.
- 정압과 동압은 그 합이 일정한 범위 내에서 서로 변환되기도 한다.

실전문제

물의 유속을 측정하기 위해 피토관을 사용하였다. 동압이 60 mmHg이면 유속은 약 몇 m/s인가? (단, 수은의 비중은 13.6이다.)

① 2.7 ② 3.5 ③ 3.7 ④ 4.0

풀이

$$v = \sqrt{2gH_v} = \sqrt{2\times 9.8\times 60\times \frac{10.332\ \text{mAq}}{760\ \text{mmHg}}} = 3.9984$$

정답 ④

소방호스의 노즐로부터 유속 4.9 m/s로 방사되는 물제트에 피토관의 흡입구를 갖다 대었을 때 피토관의 수직부에 나타나는 수주의 높이는 약 몇 m인가? (단, 중력가속도는 9.8 m/s^2이고, 손실은 무시한다.)

① 0.25 ② 1.22 ③ 2.69 ④ 3.69

풀이

$$H_v = \frac{v^2}{2g} = \frac{4.9^2}{2\times 9.8} = 1.225$$

정답 ②

노즐 선단에서의 방사압력을 측정하였더니 200 kPa(계기압력)이었다면 이때 물의 순간유출속도는 몇 m/s인가?

① 10 ② 14.1 ③ 20 ④ 28.3

풀이

$$v = \sqrt{2gH_v} = \sqrt{2\times 9.8\times 200\times \frac{10.332\ \text{mAq}}{101.325\ \text{kPa}}} = 19.993$$

정답 ③

직경이 18 mm인 노즐을 사용하여 노즐 압력 147 kPa로 옥내 소화전을 방수하면 방수속도는 약 몇 m/s인가?

① 10.3 ② 14.7 ③ 16.3 ④ 17.1

풀이

$$v = \sqrt{2gH_v} = \sqrt{2\times 9.8\times 147\times \frac{10.332\ \text{mAq}}{101.325\ \text{kPa}}} = 17.1403$$

정답 ④ 17.1

그림과 같이 지름이 300 mm에서 200 mm로 축소된 관으로 물이 흐를 때 유량이 130 kg/s라면 작은 관에서의 평균속도는 약 몇 m/s인가?

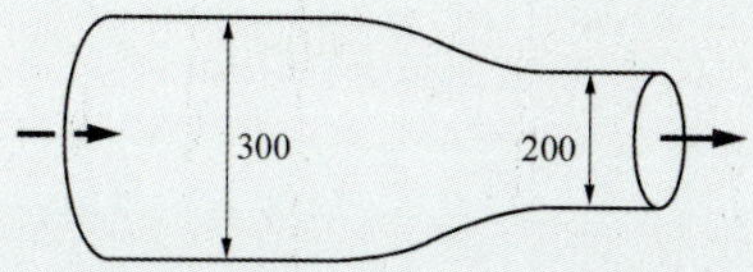

(출처 : 소방설비기사(기계분야) 기출문제)

① 3.84 ② 4.14 ③ 6.24 ④ 18.4

풀이

$Q_{질량} = \rho Q_{체적} = \rho A V$,

$$V = \frac{Q_{질량}}{\rho A} = \frac{130\times 4}{1000\times \pi \times 0.2^2} = 4.14$$

정답 ②

피토관으로 파이프 중심선에서의 유속을 측정할 때 피토관의 액주높이가 5.2 m, 정압튜브의 액주높이가 4.2 m를 나타낸다면 유속은 약 몇 m/s인가? (단, 물의 밀도는 1000 kg/m^{3}이다.)

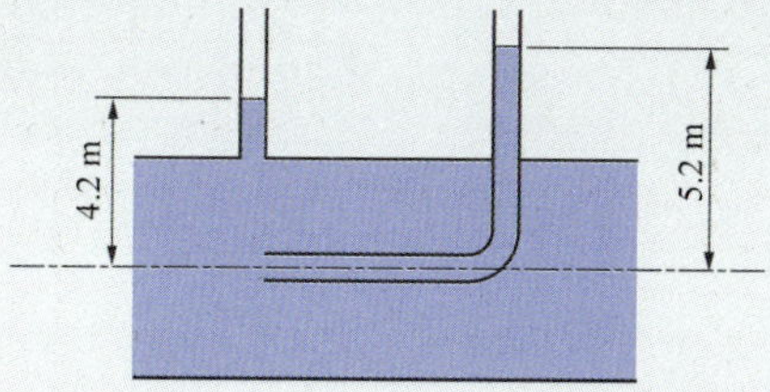

(출처 : 소방설비기사(기계분야) 기출문제)

① 2.8 ② 3.5 ③ 4.4 ④ 5.8

풀이

전압 = 정압+동압,

동압수두 = 전압수두 − 정압수두 = 5.2−42 = 1 m

$$v = \sqrt{2gH_v} = \sqrt{2\times 9.8\times 1} = 4.427\ \text{m/s}$$

정답 ③

수평으로 놓인 관로에서, 입구의 관 지름이 65 mm, 유속이 2.5 m/s이며 출구의 관 지름이 40 mm라고 한다. 입구에서의 압력이 350 kPa이라면 출구에서의 압력은 약 몇 kPa인가? (단, 마찰 손실은 무시하고 유체의 밀도는 1000 kg/m³으로 한다.)

① 311 ② 321 ③ 331 ④ 341

풀이

$$v_1 : v_2 = A_2 : A_1 = d_2^2 : d_1^2, v_2 = v_1 \times \frac{d_1^2}{d_2^2} = \left(\frac{65}{40}\right)^2 v_1 = 2.641 v_1$$

$$\frac{P_1}{\gamma} + \frac{v_1^2}{2g} = \frac{P_2}{\gamma} + \frac{v_2^2}{2g},$$

$$P_2 = \gamma \times \left(\frac{P_1}{\gamma} + \frac{v_1^2 - v_2^2}{2g}\right) = P_1 + \frac{\rho(v_1^2 - v_2^2)}{2}$$

$$= 350000 + \frac{1000(2.5^2 - (2.641 \times 2.5)^2)}{2}$$

$$= 350000 - 18671 = 331328\ Pa = 331.328\ \text{kPa}$$

정답 ③

풍동에서 유속을 측정하기 위하여 피토 정압관을 사용하였다. 이때 비중이 0.8인 알코올의 높이 차이가 10cm가 되었다. 압력이 101.3 kPa이고, 온도가 20℃일 때 풍동에서 공기의 속도는 약 몇 m/s인가? (단, 공기의 기체상수는 287 N·m/kg.K 이다.)

① 26.5 ② 28.5 ③ 29.4 ④ 36.1

풀이

$PV = wRT$에서

$$\rho_{공기} = \frac{w}{V} = \frac{P}{RT} = \frac{101.3 \times 10^3}{287 \times (273 + 20)} = 1.2\ \text{kg/m}^3$$

$$v = \sqrt{2gH\left(\frac{\rho_{액주} - \rho_{유체}}{\rho_{유체}}\right)}$$

$$= \sqrt{2 \times 9.8 \times 0.1 \times \left(\frac{800 - 1.2}{1.2}\right)} = 36.175\ \text{m/s}$$

정답 ④

9-3 유량의 측정

1. 유량의 산정 #정압측정 #전압측정 #동압계산 #유속산정 #유량계산 #성능설계

1 유량의 산정

- 정압과 전압의 차이를 통해 동압을 계산해 낼 수 있다.
- 동압을 통해 유체의 유속을 산정할 수 있다.
- 단면적(= 구조)을 알고 있는 관로의 동압을 통해 유속을 산정할 수 있으므로 유량을 산정할 수 있게 된다.

전압측정 → 정압측정 → 동압계산, 유속산정 → 유량계산

- 관로의 설계에서 각 개소마다의 유량을 정확히 산정할 수 있다면 전체 계통의 정확한 성능 설계가 가능해진다.

실전문제

물이 들어 있는 탱크에 수면으로부터 20 m깊이에 지름 50 mm의 오리피스가 있다. 이 오리피스에서 흘러나오는 유량은 약 몇 m^3/min인가? (단, 탱크의 수면 높이는 일정하고 모든 손실은 무시한다.)

① 1.3 ② 2.3 ③ 3.3 ④ 4.3

풀이

$$H_v = \frac{v^2}{2g},$$

$$v = \sqrt{2gH_v} = \sqrt{2\times9.8\times20} = 19.799\ \mathrm{m/s}$$

$$Q = Av = \frac{\pi\times0.05^2}{4}\times19.799\times\frac{60\ s}{1\,\mathrm{min}} = 2.331$$

정답 ②

노즐의 계기압력 400 kPa로 방사되는 옥내소화전에서 저수조의 수량이 10 m^3이라면 저수조의 물이 전부 소비되는데 걸리는 시간은 약 몇 분인가? (단, 노즐의 직경은 10 mm이다.)

① 75　② 95　③ 150　④ 180

풀이

$$v = \sqrt{2gH_v} = \sqrt{2\times 9.8\times \frac{P}{\gamma}}$$

$$Q = Av = \frac{\pi\times 0.01^2}{4}\times\sqrt{2\times 9.8\times\frac{400}{9.8}}\times\frac{1000L}{1\ m^3}\times\frac{60\,s}{1\ min}$$

$$= 133.2868\ L/min$$

$$t_{min} = \frac{10\times\frac{1000\ L}{1\ m_3}}{133.2868} = 75.026\ min$$

$$Q = 0.653d^2\sqrt{P}$$

$= 0.653\times 10^2\times\sqrt{400\times\frac{1.0332\ kg_f/cm^2}{101.325\ kPa}} = 131.8794\ L/min$로 구할 수도 있다.

정답 ①

물탱크에 담긴 물의 수면의 높이가 10 m인데, 물탱크 바닥에 원형 구멍이 생겨서 10 L/s만큼 물이 유출되고 있다. 원형 구멍의 지름은 약 몇 cm인가? (단, 구멍의 유량 보정계수는 0.6이다.)

① 2.7　② 3.1　③ 3.5　④ 3.9

풀이

$$Q' = 10L/s\times\frac{1m^3}{1000L} = 0.01\ m^3/s,$$

$$v = \sqrt{2gh} = \sqrt{2\times 9.8\times 10} = 14\ m/s$$

$$\text{보정계수} = \frac{Q'}{Q},\ Q = \frac{Q'}{0.6},$$

$$Q = Av = \frac{\pi}{4}D^2v,\quad D = \sqrt{\frac{4Q}{\pi v}} = \sqrt{\frac{4\times\frac{0.01}{0.6}}{3.14\times 14}} = 0.03894\ m$$

정답 ④

---

500 mm X 500 mm 인 4각관과 원형관을 연결하여 유체를 흘려보낼 때, 원형관 내 유속이 4각관 내 유속의 2배가 되려면 관의 지름을 약 몇 cm로 하여야 하는가?

① 37.14　② 38.12　③ 39.89　④ 41.32

풀이

$A_{4각} V_{4각} = A_{원} V_{원} = 2A_{원} V_{4각}$,

$A_{4각} = 2A_{원}$,

$$0.5\times0.5 = \frac{2\times\pi\times D^2}{4},\ D=\sqrt{\frac{4\times0.5\times0.5}{2\times\pi}} = 0.3989$$

정답 ③

그림과 같은 물탱크에서 원형형상의 출구를 통해 물이 유출되고 있다. 출구의 형상을 동일한 단면적의 사각형으로 변경했을 때 유출되는 유량의 변화는? (단, 사각 및 원형 형상 출구의 손실계수는 각각 0.5 및 0.04이다.)

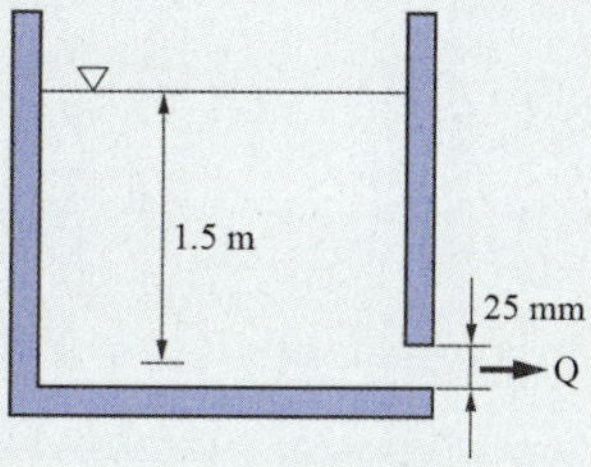

(출처 : 소방설비기사(기계분야) 기출문제)

① 0.00044 m^3/s 만큼 증가한다. ② 0.00044 m^3/s 만큼 감소한다.
③ 0.00088 m^3/s 만큼 증가한다. ④ 0.00088 m^3/s 만큼 감소한다.

풀이

수정베르누이 식 $h_{수위} = h_{정압} + h_{동압} + h_{손실}$ 에서,

(a) 손실계수 0.04인 원형출구의 경우,

$$h_{수위} = \frac{v^2}{2g}+(0.04\times\frac{v^2}{2g}) = (1+0.04)\frac{v^2}{2g}$$

$$\Rightarrow v_{원형} = \sqrt{2gh_{수위}\frac{1}{(1+0.04)}} = \sqrt{2\times9.8\times1.5\times\frac{1}{1.04}} = 5.317\ \text{m/s}$$

(b) 손실계수 0.5인 사각 출구의 경우,

$$\Rightarrow v_{사각} = \sqrt{2gh_{수위}\frac{1}{(1+0.5)}} = \sqrt{2\times9.8\times1.5\times\frac{1}{1.5}} = 4.427\ \text{m/s}$$

(c) 연속방정식 $\Delta Q = A\Delta V$에 의해,

$$\Rightarrow \Delta Q = \frac{\pi}{4}\times0.025^2\times(5.317-4.427) = 4.367\times10^{-4}\ \text{m}^3/\text{s}$$

정답 ②

연습문제

01 압력에 대한 설명으로 옳은 것은?

① 정압은 관로의 중심에서 측정한다.
② 액주식 압력계는 재료의 탄성변형을 이용한다.
③ 게이지압과 절대압은 서로 같다.
④ 전압과 정압의 차이로 동압을 구할 수 있다.

정답 ④
풀이 전압은 정압과 동압의 합으로 구성되므로 전압과 정압의 차이로 동압을 구할 수 있다.

02 동압에 대한 설명으로 옳지 않은 것은 ?

① 동압수두는 유속의 자승에 비례한다.
② 피토정압관을 통해 동압을 측정할 수 있다.
③ 전압은 관로의 벽면에서 측정한다.
④ 옥내소화전의 방사압을 측정하는 원리이기도 하다.

정답 ③
풀이 전압은 관로의 중심에서 측정한다.

03 단면적이 일정한 관로에서 동압이 2배로 증가하였다면 유량의 변화는?

① 2배 증가하였다.
② 1/2배 증가하였다.
③ $\sqrt{2}$ 배 증가하였다.
④ 2배 감소하였다.

정답 ③
풀이 $Q = AV = A\sqrt{2gh}$ 이므로 $\sqrt{2}$ 배 증가하게 된다.

학습정리

1. 압력계의 종류

- 작동원리에 따라 액주식, 탄성식 압력계로 나뉜다.
- 액주식 압력계(manometer)는 단관식, U자형, 경사관형이 있다.
- 탄성식 압력계는 브르돈관식, 다이아프램식, 벨로우즈식이 있다.

2. 정압 static pressure

- 관벽에서 측정되는 압력이다.
- 배관에 일반적으로 설치되는 압력계에서 측정한다.

3. 동압 dynamic pressure

- 관의 중심에서 정압과 합한 값으로 측정한다.
- 유체가 흐르는 속도에 따른 운동에너지를 측정한 압력이다.

4. 전압 total pressure

- 정압과 동압의 합을 전압이라 한다.
- 정압과 동압은 그 합이 일정한 범위 내에서 서로 변환된다.

5. 유량의 측정

- 정압과 전압의 차이를 통해 동압을 계산해 낼 수 있다.
- 동압을 알면 유체의 유속을 산정할 수 있다.
- 단면적을 알고 있는 관로의 유속을 알면 연속방정식을 통해 유량을 계산할 수 있다.
- 관로의 압력분포와 유량해석을 통해 계통의 성능설계가 가능해진다.

CHAPTER

10

동수역학 활용 2

학습목표

- 층류와 난류를 구분해낼 수 있다.
- 직관의 마찰손실을 구해낼 수 있다.
- 직관 이외의 마찰손실을 계산해낼 수 있다.

학습목차

- 층류와 난류
- 직관의 마찰손실
- 직관 이외의 손실

복습점검

1. 전압과 정압의 차이로 동압을 구할 수 있다.

답 ○ "전압 = 정압 + 동압"이므로 전압과 정압의 차이가 동압이 된다.

2. 전압은 관로의 벽면에서 측정한다.

답 × 관로의 벽면에서는 정압을, 중심에서는 전압을 측정한다.

3. 단면적이 일정한 관로에서 동압이 2배로 증가하였다면 유량은 2배 증가한다.

답 × 동압이 2배로 증가하면 유량은 $\sqrt{2}$ 배 증가한 것이다.

10-1 층류와 난류

1. 무차원 수 #무차원 수 #레이놀즈 수 #너셀 수 #프란틀 수 #마하 수 #프루드 수 #웨버 수 #푸리에 수 #그라쇼프 수
2. 레이놀즈 수 #레이놀즈 수 #Reynolds #층류 #난류 #천이영역

1 무차원 수

1) 개념

- 질량, 길이, 시간 등의 기본물리량을 연산하여 단위가 상쇄된 후 얻어지는 수
- 무차원 수는 대입된 차원들의 성질을 정량적으로 비교할 수 있다.

2) 주요 무차원 수

구분	계산식	비고
레이놀즈 Reynolds 수	$Re = \frac{\rho VD}{\mu} = \frac{관성력}{점성력}$	
너셀 Nusselt 수	$N = \frac{hl}{k} = \frac{대류열전달}{전도열전달}$	
프란틀 Prandtle 수	$\mathrm{Pr} = \frac{v}{\alpha} = \frac{운동량확산율}{열확산율}$	
마하 Mach 수	$Ma = \frac{V}{a} = \frac{관성력}{압축력}$	
프루드 Froude 수	$Fr = \frac{v}{\sqrt{l \cdot g}} = \frac{관성력}{중력}$	
웨버 Weber 수	$We = \frac{\rho V^2 L}{\sigma} = \frac{관성력}{표면장력}$	
푸리에 Fourier 수	$Fo = \frac{\alpha \times t}{L^2} = \frac{열전도}{열저장}$	
그라쇼프 Grashof 수	$Gr = \frac{g\beta\Delta TL^3}{\nu^2} = \frac{부력}{관성력}$	

3) 너셀 Nusselt 수

$$N = \frac{\text{Convection}}{\text{Conduction}} \propto \frac{hL}{k}$$

h	: 대류열전달계수	$[W/m^2 \cdot K]$
L	: 길이	[m]
k	: 열전도계수	$[W/m \cdot K]$

- Nusselt Number는 표면에서의 무차원 온도구배를 의미한다.
- Conduction(열전도)에 대한 Convection(열전달)의 비로써 표현된다.
- Nu가 크다는 것은 대류 활발하고 그에 따른 열전달 크다는 것이다.

4) 프란틀 Prandtle 수

$$\mathrm{Pr} = \frac{\nu}{\alpha} = \frac{\mu/\rho}{k/\rho C_p} = \frac{\mu C_p}{k}$$

ν	: 동점성계수	$[m^2/s]$
α	: 열확산계수	$[m^2/s]$

공기, 수증기 등	윤활유	액상금속
1 내외	1보다 매우 크다.	1보다 매우 작다.

- 기체는 온도에 따라 점도와 열확산율이 같이 증감하므로 Pr은 온도에 무관하다.
- 엔진 오일에서는 운동량의 확산(= 대류)이 열의 전도에 비해 매우 효율적이므로 운동량 퍼짐도가 크다.
- 수은에서는 열전도가 운동량의 확산에 비해 매우 커 열적 퍼짐도가 크다.

2 레이놀즈 Reynold's 수

1) 관계식

$$Re = \frac{\rho VD}{\mu} = \frac{VD}{\nu}$$

Re	: 레이놀즈 수	[-]
ρ	: 밀도	$[kg/m^3]$
V	: 속도	[m/s]
D	: 관경	[m]
μ	: 점성계수	$[Pa \cdot s]$
ν	: 동점성계수	$[m^2/s]$

• 점성력에 대한 관성력의 비로 층류와 난류를 판단할 수 있다.

2) 층류와 난류

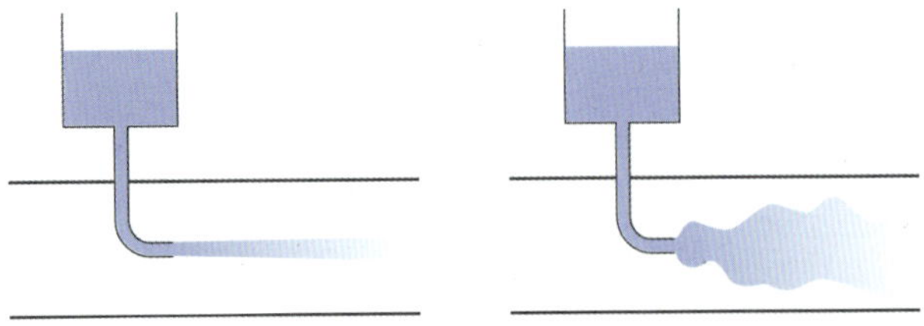

〈층류〉 〈난류〉

• 층류(laminar flow)는 유체입자가 정렬된 상태로 흐르는 상태로 레이놀즈 수가 작을 때 나타나는 특징이다.
• 난류(turbulent flow)는 유체입자가 불규칙한 흐름을 나타내는 상태로 레이놀즈 수가 클 때 발생한다.

구분	Re 수
층류	~ 2100
천이영역	2100 ~ 4000
난류	4000 ~

• 레이놀즈 수가 큰 것은 관성력이 점성력보다 큰 것을 의미한다.
• 밀도가 큰 상태의 유체가 빠른 속도로 흐르고 이로 인한 관성력이 점성특성보다 크다면 불규칙적인 난류특성을 나타내게 되는 것이다.

실전문제

레이놀즈 수에 대한 설명으로 옳은 것은?

① 정상류와 비정상류를 구별하여 주는 척도가 된다.
② 실제유체와 이상유체를 구별하여 주는 척도가 된다.
③ 층류와 난류를 구별하여 주는 척도가 된다.
④ 등류와 비등류를 구별하여 주는 척도가 된다.

풀이

층류	천이	난류
Re < 2100	2100≦Re≦4000	4000<Re

정답 ③

관내에 흐르는 유체의 흐름을 구분하는데 사용되는 레이놀즈 수의 물리적인 의미는?

① 관성력/중력 ② 관성력/탄성력 ③ 관성력/점성력 ④ 관성력/압축력

풀이

$Re = \frac{\rho VD}{\mu} = \frac{VD}{\nu}$

정답 ③

지름이 일정한 관내의 점성 유동장에 관한 일반적인 설명으로 옳은 것은?

① 층류 유동 시 속도분포는 2차 함수이다.
② 벽면에서 난류의 속도기울기는 0이다.
③ 층류인 경우 전단응력은 밀도의 함수이다.
④ 층류인 경우 중앙에서 전단응력이 가장 크다.

풀이

전단응력 $\tau = \frac{F}{A} = \mu\frac{du}{dy}$

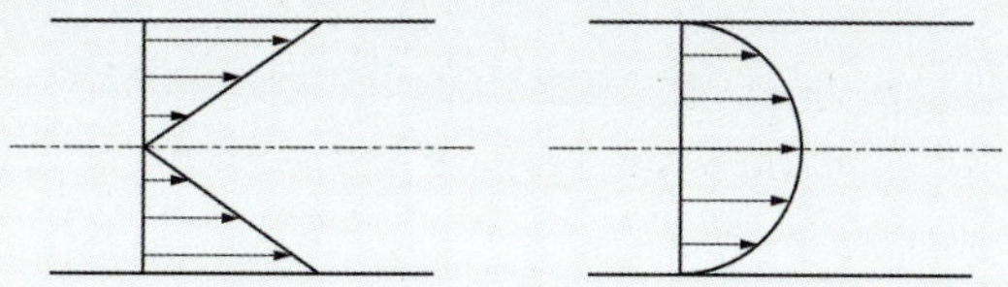

〈전단응력 분포〉 〈속도 분포〉

(출처 : 소방설비기사 기출문제)

정답 ①

펌프로부터 분당 150 L의 소방용수가 토출되고 있다. 토출 배관의 내경이 65 mm일 때 레이놀즈 수는 약 얼마인가? (단, 물의 점성계수는 0.001 kg/m·s로 한다.)

① 1300 ② 5400 ③ 49000 ④ 82000

풀이

$$Re = \frac{\rho VD}{\mu} = \frac{VD}{\nu}$$

$$Q = AV = \frac{\pi D^2}{4} V, \quad V = \frac{4Q}{\pi D^2} = \frac{4 \times \frac{150}{60 \times 1000}}{\pi \times 0.065^2} = 0.7538 \text{ m/s}$$

$$Re = \frac{1000 \times 0.7538 \times 0.065}{0.001} = 48997$$

정답 ③

지름 4 cm의 파이프로 기름(점성계수 0.38 Pa · s)이 분당 200 kg씩 흐를 때 레이놀즈(Reynolds) 수는 다음 중 어느 값의 범위에 속하는가?

① 100 미만
② 100 이상 500 미만
③ 500 이상 1500 미만
④ 1500 이상

풀이

$$Re = \frac{\rho VD}{\mu} \text{에서 } \rho V = \frac{\dot{m}}{A} \ [\text{kg/s} \cdot \text{m}^2] \text{이므로}$$

$$= \frac{\dot{m}D}{\mu \times A} = \frac{4 \times \dot{m} \times D}{\mu \pi D^2} = \frac{4 \times \frac{200}{60} \times 0.04}{0.38 \times 3.14 \times 0.04^2} = 279.36$$

정답 ②

비중 0.8, 점성계수가 0.03 kg/m · s인 기름이 안지름 450 mm의 파이프를 통하여 0.3 m^3/s의 유량으로 흐를 때 레이놀즈 수는? (단, 물의 밀도는 1,000 kg/m^3이다.)

① 5.66×10^4
② 2.26×10^4
③ 2.83×10^4
④ 9.04×10^4

풀이

$$Re = \frac{\rho VD}{\mu} = \frac{Q}{A}\frac{\rho D}{\mu} = \frac{4Q}{\pi D^2}\frac{\rho D}{\mu} = \frac{4Q\rho}{\pi D\mu}$$

$$= \frac{4 \times 0.3 \times 1000 \times 0.8}{3.14 \times 0.45 \times 0.03} = 22646.85$$

정답 ②

온도 50℃, 압력 100 kPa인 공기가 지름 10 mm인 관속을 흐르고 있다. 임계 레이놀즈 수가 2100일 때 층류로 흐를 수 있는 최대평균속도[V]와 유량[Q]은 각각 얼마인가? (단, 공기의 점성계수는 19.5×10^{-6} kg/m · s이며, 기체상수는 287 J/kg · K이다.)

① $V = 0.6$ m/s, $Q = 0.5 \times 10^{-4}$ m³/s
② $V = 1.9$ m/s, $Q = 1.5 \times 10^{-4}$ m³/s
③ $V = 3.8$ m/s, $Q = 3.0 \times 10^{-4}$ m³/s
④ $V = 5.8$ m/s, $Q = 6.1 \times 10^{-4}$ m³/s

풀이

$Re = \frac{\rho VD}{\mu}$ 에서 $V = \frac{\mu Re}{\rho D}$,

$PV = wRT$에서

$$\rho = \frac{w}{V} = \frac{P}{RT} = \frac{100 \times 10^3}{287 \times (273 + 50)} = 1.0787 \text{ kg/m}^3$$

$$V = \frac{\mu Re}{\rho D} = \frac{19.5 \times 10^{-6} \times 2100}{1.0787 \times 0.01} = 3.7962 \text{ m/s}$$

$$Q = AV = \frac{\pi \times 0.01^2}{4} \times 3.7962 = 2.98 \times 10^{-4} \text{ m}^3/\text{s}$$

정답 ③

10-2 직관의 마찰손실

1. 에너지선과 마찰손실	#에너지선 #마찰손실 #압력수두 #속도수두 #위치수두
2. 달시-웨이스바 식	#Darcy-Weishach #층류 #난류 #마찰손실계수 #무디선도
3. 하겐-윌리엄 식	#Hagen-William #조도 #마찰손실압력 #'C' Value
4. 하겐-포아젤 식	#Hagen-Poiseuille #점성계수 #마찰손실압력
5. 계산식의 비교	#달시 - 웨이스바 #하겐 - 윌리엄 #하겐 - 포아젤 #조도 #점성계수

1 에너지선과 마찰손실

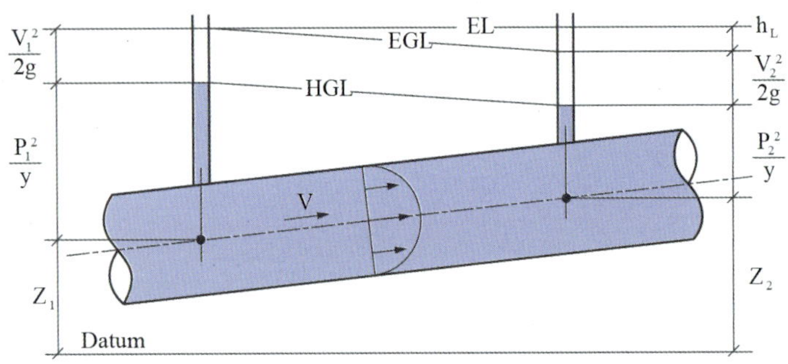

그림 10.1 에너지선과 수력경사선

1) 에너지선(EL)

- 압력수두$\left[\dfrac{P}{\gamma}\right]$ + 위치수두[Z] + 속도수두$\left[\dfrac{v^2}{2g}\right]$ 합계의 선
- 에너지선[EL]에 실제흐름에서의 손실]h_L]을 반영하면 에너지경사선(EGL)이 된다.

2) 마찰손실

- 이상유체는 비점성유동으로써, 모든 점에서 에너지선 일정하다.

$$\frac{P_1}{\gamma}+\frac{V_1^2}{2g}+Z_1=\frac{P_2}{\gamma}+\frac{V_2^2}{2g}+Z_2$$

- 실제유체는 점성유동으로써, 배관마찰로 인한 마찰손실이 발생한다.

$$\frac{P_1}{\gamma}+\frac{V_1^2}{2g}+Z_1=\frac{P_2}{\gamma}+\frac{V_2^2}{2g}+Z_2+h_L$$

2 달시-웨이스바 Darcy-Weishach 식

$$h_L = f \cdot \frac{L}{D} \cdot \frac{v^2}{2g}$$

h_L	: 손실수두	[-]
f	: 마찰손실계수	[-]
L	: 관의 길이	[m]
D	: 관경	[m]
v	: 유속	[m/s]
g	: 중력가속도	[m/s²]

- 층류에서의 마찰손실계수 $f=\frac{64}{Re}$ 로 구할 수 있다.
- 난류에서의 마찰손실계수는 무디선도를 통하여 구한다.

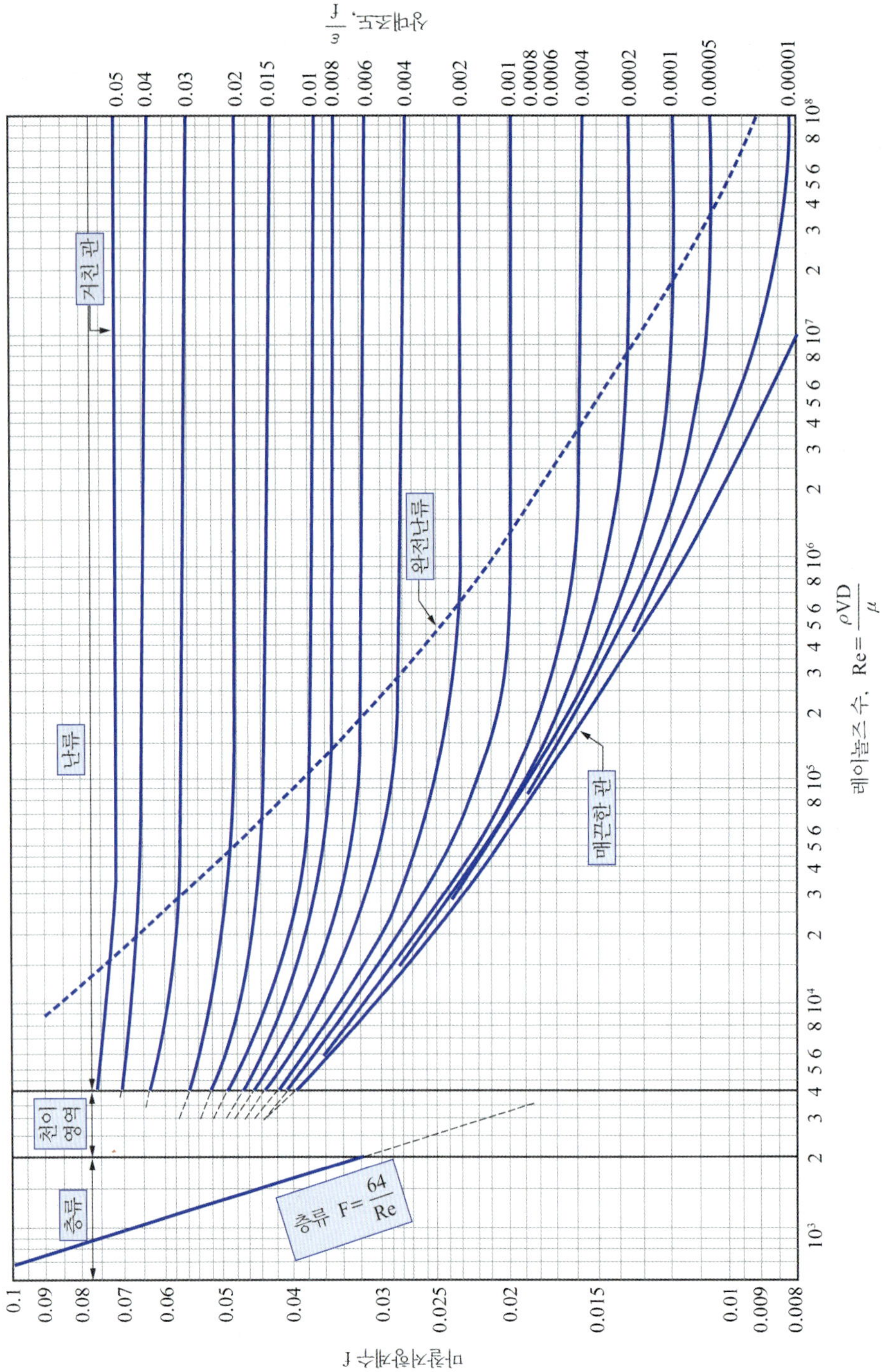
상대조도, $\frac{\varepsilon}{D}$
거친 관
완전난류
난류
천이 영역
층류
층류 F= $\frac{64}{Re}$
매끈한 관
레이놀즈 수, Re= $\frac{\rho VD}{\mu}$
마찰저항계수 f

그림 10.2 무디선도

3 하겐-윌리엄 Hagen-William 식

$$\Delta P_m = 6.055 \times 10^4 \times \frac{Q^{1.85}}{C^{1.85} \times D^{4.87}} \times L$$

ΔP_m : 마찰손실압력 [MPa]
Q : 유량 [LPM]
C : 관의 조도 [-]
D : 관경 [mm]
L : 관의 길이 [m]

- 물의 특성을 상수로 변환하여 유체의 특성을 따로 입력할 필요가 없이 간소화한 식이다.
- 물을 많이 사용하는 소방실무에서 주로 사용한다.
- 관의 재질과 연관되는 조도값에 따라 마찰손실이 달라짐을 알 수 있다.

NFPA 13 Hazen-Williams 'C' values

Pipe or Tube	"C" Value
Plastic(listed) all	150
Copper pipe or stainless steel	150
Black steel (wet systems including deluge)	120
Galvanzing Zincing pipe, Black steel pipe (wet, deluge)	120
Black steel pipe (dry, Pre-action)	100

4 하겐-포아젤 Hagen-Poiseuille 식

$$\Delta P = \frac{128 Q \mu L}{\pi D}$$

ΔP : 마찰손실압력 [N/m^2]
γ : 비중량 [N/m^3]
Q : 유량 [m^3/s]
μ : 점성계수 [N · s/m^2]

- 유체의 점성계수를 변수로 입력할 수 있다.
- 물, 공기 등 다양한 유체에 적용할 수 있다.

5 계산식의 비교

구분	달시-웨이스바 식	하겐-윌리암 식	하겐-포아젤 식
ΔP	$f \cdot \frac{L}{D} \cdot \frac{v^2}{2g} \cdot \gamma$	$6.055 \times 10^4 \frac{Q^{1.85}}{C^{1.85} \times D^{4.87}} L$	$\frac{128 Q \mu L}{\pi D}$
공통변수	관의 길이 관경 유속	관의 길이 유량 (관경, 유속) 관경	관의 길이 유량 (관경, 유속) 관경
차별변수	마찰손실계수	조도	점성계수
적용유체	유체	물	유체

실전문제

수평배관 설비에서 상류 지점인 A지점의 배관을 조사해 보니 지름 100 mm, 압력 0.45 MPa, 평균유속 1 m/s 이었다. 또, 하류의 B지점을 조사해 보니 지름 50 mm, 압력 0.4 MPa이었다면 두 지점 사이의 손실수두는 약 몇 m인가?

① 4.34 ② 5.87 ③ 8.67 ④ 10.87

풀이

$$\frac{v_1^2}{2g} + \frac{P_1}{\gamma_1} + z_1 = \frac{v_2^2}{2g} + \frac{P_2}{\gamma_2} + z_2 + h_L$$

$z_1 = z_2, \gamma_1 = \gamma_2$ 이고 $\frac{A_2}{A_1} = \frac{v_1}{v_2}$ 에서 $v_2 = \frac{A_1}{A_2} \times v_1 = \left(\frac{d_1}{d_2}\right)^2 \times v_1$ 이므로

$$h_L = \frac{v_1^2 - v_2^2}{2g} + \frac{P_1 - P_2}{\gamma}$$

$$= \frac{1^2 - \left(\frac{100}{50}\right)^{2 \times 2}}{2 \times 9.8} + \frac{(0.45 - 0.4) \times 10^6}{9800} = 4.3367$$

정답 ①

액체가 지름 4 mm의 수평으로 놓인 원통형 튜브를 $12 \times 10^{-6} m^3/s$의 유량으로 흐르고 있다. 길이 1 m에서의 압력강하는 몇 kPa인가? (단, 유체의 밀도와 점성계수는 $\rho = 1.18 \times 10^3$ kg/m^3, $\mu = 0.0045$ Ns/m^{2}이다.)

① 7.59 ② 8.59 ③ 9.59 ④ 10.59

풀이

하겐-포아젤방정식 $\Delta h_L = \frac{\Delta P}{\gamma} = \frac{128 \mu Q L}{\gamma \pi d^4}$ 에서,

$$\Delta P = \frac{128 \times 0.0045 \times 12 \times 10^{-6} \times 1}{3.14 \times 0.004^4} = 8598.726\ \text{Pa}$$

정답 ②

기름이 0.02 m³/s의 유량으로 직경 50 cm인 주철관 속을 흐르고 있다. 길이 1000 m에 대한 손실수두는 약 몇 m인가? (단, 기름의 점성계수는 0.103 N·s/m², 비중은 0.90이다.)

① 0.15 ② 0.3 ③ 0.45 ④ 0.6

풀이

$$\Delta h_L = \frac{\Delta P}{\gamma} = \frac{128\mu QL}{\gamma\pi D^4}$$

$$= \frac{128 \times 0.103 \times 0.02 \times 1000}{9800 \times 0.9 \times 3.14 \times 0.5^4} = 0.15233$$

정답 ①

관 마찰계수가 일정할 때 배관 속을 흐르는 유체의 손실수두에 관한 설명으로 옳은 것은?

① 관 길이에 반비례한다. ② 유속의 제곱에 비례한다.
③ 유체의 밀도에 반비례한다. ④ 관 내경의 제곱에 반비례한다.

풀이

달시-웨이스바 공식 $\Delta h_L = \frac{fLv^2}{2gD} = f\frac{v^2}{2g}\frac{L}{D}$

정답 ②

길이 100 m, 직경 50 mm인 상대조도 0.01인 원형 수도관 내 물이 흐르고 있다. 관내 평균유속이 2 m/s에서 4 m/s로 2배 증가하였다면 압력손실은 몇 배로 되겠는가? (단, 유동은 마찰계수가 일정한 완전난류로 가정한다.)

① 1.41배 ② 2배 ③ 4배 ④ 8배

풀이

달시-웨이스바 공식 $\Delta h_L = \frac{fLv^2}{2gD} = f\frac{v^2}{2g}\frac{L}{D}$에서,

f, L, D가 동일한 조건이고 유속 v만 2배 증가하였다면,

마찰손실수두 Δh_L은 $v^2 = 2^2 = 4$배 증가 한다.

정답 ③

동점성계수가 0.1 x 10^{-5} m^2/s인 유체가 안지름 10 cm인 원관 내에 1 m/s로 흐르고 있다. 관의 마찰계수가 f = 0.022이며 등가길이가 200 m일 때의 손실수두는 몇 m인가? (단, 비중량은 9800 N/m^3이다.)

① 2.24 ② 6.58 ③ 11.0 ④ 22.0

풀이

달시 - 웨이스바 공식 $\Delta h_L = \frac{fLv^2}{2gD} = f\frac{v^2}{2g}\frac{L}{D}$에서,

$$\Delta P = \frac{0.022 \times 200 \times 1^2}{2 \times 9.8 \times 0.1} = 2.24489 \text{ m}$$

정답 ①

10-3 직관 이외의 손실

1. 손실의 종류 #주손실 #부차적손실 #major loss #minor loss
2. 부차적 손실 #부차적 손실 #상당길이 #피팅 #상대조도 #손실계수

1 손실의 종류

- 배관계통의 마찰손실은 주손실과 부차적 손실로 이뤄진다.
- 주손실(major loss)은 직관에서 관벽에 의한 마찰손실
- 부차적 손실(minor loss)은 주손실 이외 단면의 변화, 분기, 곡관 및 밸브류에서의 손실이다.

2 부차적 손실

1) 관의 상당길이 L_e

- 피팅 fitting 류(엘보우, 티 등)와 밸브류 등을 동등관경의 직관으로 환산한 길이로 나타낸다.

$$\Delta h_L = f\frac{L_e}{D}\frac{v^2}{2g}$$

L_e : 관의 상당길이 [m]

- 직관 및 부속품을 모두 산출, 합산하여 한 번에 구할 수 있어 수계소화설비의 배관망 해석에 주로 사용한다.

2) 손실계수 k

- 레이놀즈 수, 장애물 크기와 관경의 비, 상대조도에 비례

$$k\frac{v^2}{2g} = f\frac{L_e}{D}\frac{v^2}{2g}, \quad k = f\frac{L_e}{D}, \quad L_e = \frac{kD}{f}$$

k : (부차적) 손실계수 [-]

- 배관출구의 형태, 단면적의 변화, 방향의 전환 등에 의해 결정된다.
- 손실계수는 유량 및 관경에 따라 달라지는 손실의 계산을 위해 사용된다.

실전문제

관내 흐름에서 부차적 손실에 해당되지 않는 것은?

① 곡선부에 의한 손실
② 직선 원관 내의 손실
③ 유동단면의 장애물에 의한 손실
④ 관 단면의 급격한 확대에 의한 손실

풀이

직선 원관 내에서의 손실은 주손실에 해당된다.

정답 ②

직경이 4 cm이고 관마찰계수가 0.02인 원관에 부차적 손실계수가 4인 밸브가 장치되어 있을 때 이 밸브의 등가길이(상당길이)는 몇 m인가?

① 4 ② 6 ③ 8 ④ 10

풀이

등가길이 $= \frac{kd}{f} = \frac{4 \times 0.04}{0.02} = 8\ \text{m}$

정답 ③

직경 10 cm이고 관 마찰계수가 0.04인 원관에 부차적 손실계수가 4인 밸브가 장치되어 있을 때, 이 밸브의 등가길이(상당길이)는 몇 m 인가?

① 0.1 ② 1.6 ③ 10 ④ 16

풀이

등가길이 $= \frac{kd}{f} = \frac{0.04 \times 0.1}{0.04} = 0.1\ \text{m}$

정답 ①

연습문제

01 무차원 수에 대한 설명으로 옳지 않은 것은?

① 기본물리량을 연산하여 단위가 상쇄된 후 얻어지는 수이다.
② 무차원 수를 구하기 위해 대입된 차원들의 성질은 사라진다.
③ 레이놀즈 수는 점성력에 대한 관성력의 비로 구해진다.
④ 너셀수는 전도열전달 특성에 대한 대류열전달 특성의 비로 구해진다.

정답 ②
풀이 무차원 수를 구하기 위해 대입된 차원들의 성질은 무차원 수를 통해 정량적 비교가 가능하다.

02 다음 중 공기를 유체로 하는 배관망에서의 마찰손실을 구할 수 없는 계산식은?

① 하겐－윌리암 식
② 하겐－포아젤 식
③ 달시－웨이스바 식
④ 베르누이 정리

정답 ①
풀이 하겐－윌리암 식은 물을 유체로 하는 배관망의 해석을 위한 식이다.

03 다음 중 부차적 손실로 볼 수 없는 것은?

① 게이트밸브에서의 손실
② 준비작동식 유수검지장치의 손실
③ 90° 엘보에서의 손실
④ 가지관에서의 손실

정답 ④
풀이 가지관에서의 손실은 직관에서의 주손실에 해당한다.

학습정리

1.무차원 수

- 질량, 길이, 시간 등의 기본물리량을 연산하여 단위가 상쇄된 후 얻어지는 수
- 무차원 수는 대입된 차원들의 성질을 정량적으로 비교할 수 있다.

2. 레이놀즈(Reynold's) 수

- 2100 미만은 층류, 4000 초과는 난류영역이다.
- 점성력에 대한 관성력의 비로 구해진다.

3. 에너지선과 마찰손실

- "압력 + 속도 + 위치"의 수두를 합산한 수평선을 에너지선이라 한다.
- 마찰손실을 감안하여 경사진 에너지선을 에너지경사선(EGL)이라 한다.

4. 마찰손실의 계산식

- 달시 - 웨이스바 식은 층류, 난류, 상대조도를 변수로 하는 마찰손실계수를 반영하여 모든 유체에 적용할 수 있다.
- 하겐 - 윌리암 식은 조도를 차별변수로 하여 물을 유체로 사용하는 경우에 사용한다.
- 하겐-포아젤 식은 점성계수를 변수로 하여 모든 유체에 적용할 수 있다.

5. 부차적 손실

- 상당길이는 관부속품을 동등관경의 직관으로 환산한 길이로 나타낸다.
- 손실계수는 유량 및 관경에 따라 달라지는 손실의 계산을 위해 사용된다.

CHAPTER

11

배관 및 펌프

학습목표

- 펌프의 원리를 설명할 수 있다.
- 펌프의 구성에 따른 전양정을 계산할 수 있다.
- 펌프에서 발생하는 이상현상의 원인을 규명할 수 있다.

학습목차

- 펌프
- 펌프 전양정의 산정
- 펌프의 이상현상

복습점검

1. 무차원 수를 구하기 위해 대입된 차원들의 성질은 사라진다.
   답 × 무차원 수를 구하기 위해 대입된 차원들의 단위는 상쇄되지만 정량적 비교가 가능하다.
2. 하겐-윌리암식으로 공기와 물의 마찰손실을 계산할 수 있다.
   답 × 하겐-윌리암 식은 물을 유체로 하는 배관망의 해석을 위한 식이다.
3. 가지관에서의 마찰손실은 부차적손실에 해당한다.
   답 × 직관에서의 손실은 주손실에 해당한다.

11-1 펌프

1. 가압송수장치의 종류	#펌프 #고가수조 #압력수조 #가압수조 #상수도직결
2. 펌프의 원리	#토리첼리 #수은주 #760 mmHg #임펠러 #impeller eye #안내깃
3. 압축비	#압축비 #토출압 #흡입압 #단수

1 가압송수장치의 종류

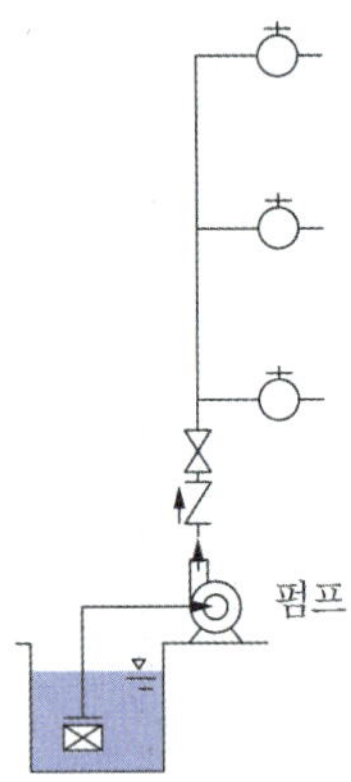

그림 11.1 펌프 방식

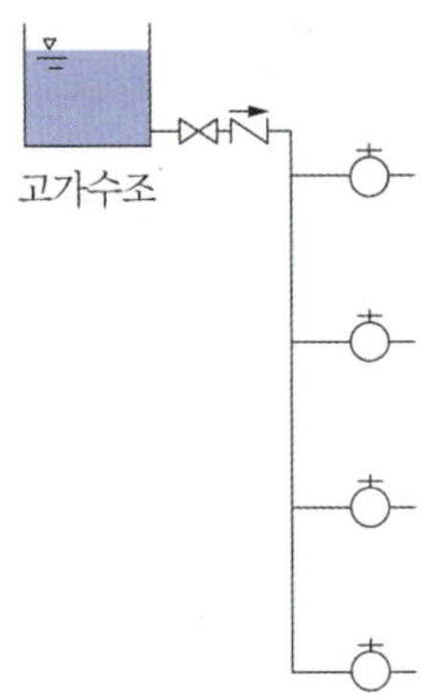

그림 11.2 고가수조 방식

1) 펌프 방식

- 저장된 소화수를 pump를 통하여 가압공급
- 펌프의 구동원에 따라 모터펌프, 엔진펌프로 구분된다.

$$H = H_{낙} + H_{마} + H_{방}$$

H	:	전양정	[m]
$H_{낙}$	:	낙차수두	[m]
$H_{마}$	:	마찰손실수두	[m]
$H_{방}$	:	방사압력수두	[m]

2) 고가수조 방식

- 고가수조의 자연낙차수두를 이용하여 공급

$$H_{낙} = H_{마} + H_{방}$$

$H_{낙}$: 낙차수두 [m]
$H_{마}$: 마찰손실수두 [m]
$H_{방}$: 방사압력수두 [m]

- 설치공간에 제약이 있으나 공급신뢰도가 높은 방식이다.

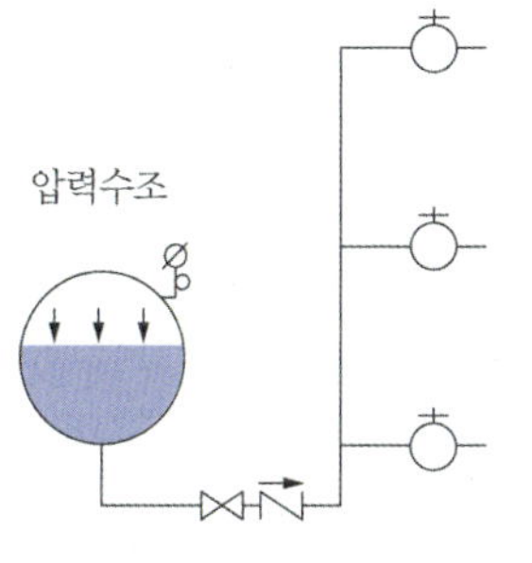

그림 11.3 압력수조 방식

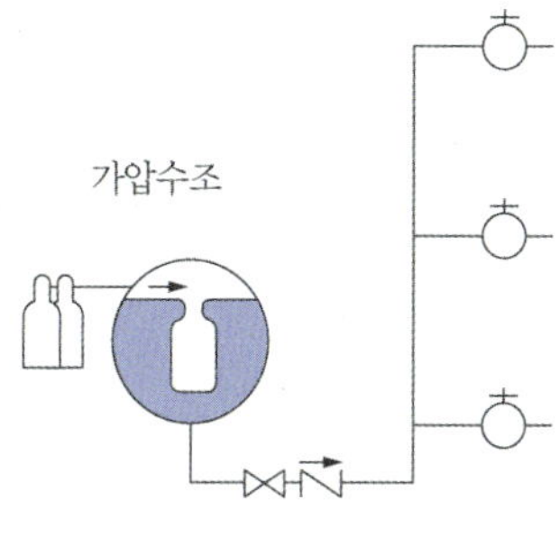

그림 11.4 가압수조 방식

3) 압력수조 방식

- 압력수조 내 소화수에 압축공기를 가하여 화재 시 압축공기의 팽창으로 소화수를 공급하는 방식이다.

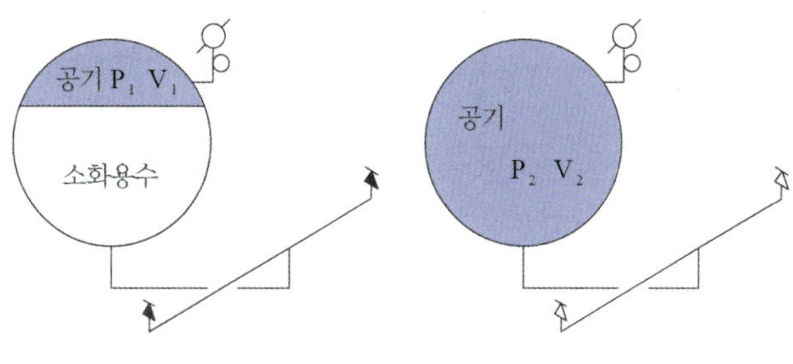

그림 11.5 압력수조 방식

- $P_1 V_1 = P_2 V_2$

$(P_{최초공기} + P_{대기})V_{최초공기} = (P_{최저방사} + P_{대기})V_{용기전체}$

$$P_{최초공기} = (P_{최저방사} + P_{대기})\frac{V_{용기전체}}{V_{최초공기}} - P_{대기}$$

4) 가압수조 방식

- 압축공기 또는 질소를 통한 가압으로 소화수를 급수하는 방식이다.
- 간이스프링클러 시스템에 제한적으로 적용된다.

5) 상수도직결 방식

- 상수도를 직결하여 최소방사압 및 유량을 확보한 소화수를 공급하는 방식이다.
- 간이스프링클러 시스템에 제한적으로 적용된다.

2 펌프의 원리

1) 토리첼리 실험

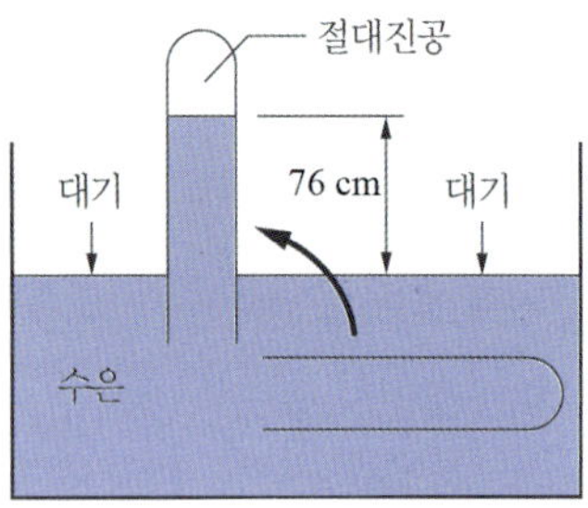

그림 11.6 토리첼리 실험

- 수은조 내 시험관을 거꾸로 세우면 수은주는 액면보다 76 cm 높다.
- 액면을 누르는 대기압이 수은주의 액위만큼 밀어올린 것을 증명한 실험이다.
- 760 mmHg = 760mm ×13.6 = 10,336 mmAq = 10.33 mAq

$$Pa = \rho \cdot g \cdot H = \gamma \cdot H$$

Pa	: 대기압력	[Pa]
γ	: 비중량	[N/m^3]
H	: 액주높이	[N]

- 이론적으로 진공도 100%의 펌프라면 10.336 m 아래의 수면에서 양수가 가능하다.

2) 구조 및 원리

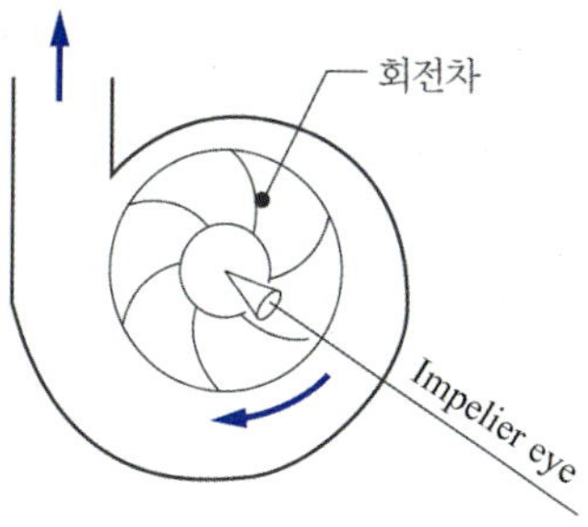

그림 11.7 볼류트 펌프

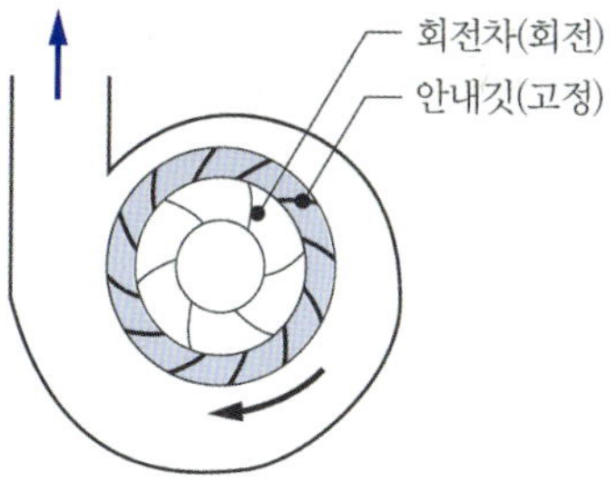

그림 11.8 터빈 펌프

임펠러 회전 → 원심력 → 속도 에너지 → 압력 에너지 → 가압 송출

- 임펠러가 회전하면 원심력에 의해 중심부 진공, 원주방향 압력에너지 발생
- Impeller eye에 진공이 형성으로 "대기압 > 진공압"에 따라 유입
- 지속적인 유체 유입으로 속도에너지에 의한 가압 송출
- 안내깃의 유무에 따라 볼류트와 터빈펌프로 구분된다.
- 회전차와 와류실 사이에 안내깃을 둔 터빈펌프는 고양정의 경우에 적합하다.

3) 특징

- 구조가 간단하고 소형화가 가능하다.
- 가격 낮고 설치가 용이하다.
- 고양정이 가능하여 소화용 가압송수장치에 적합하다.
- 케비테이션, 수격, 서징현상 등 이상 현상이 발생할 수 있다.

3 압축비

- 흡입압에 대한 토출압의 비를 n제곱근하여 구한다.
- 압축비가 낮은 펌프의 단수를 높이면 토출압력을 높일 수 있다.

$$k = \left(\frac{P_{토출}}{P_{흡입}} \right)^{\frac{1}{n}}$$

k	: 압축비	[-]
$P_{토출}$	: 토출압	[Pa]
$P_{흡입}$	: 흡입압	[Pa]
n	: 단수	[-]

실전문제

국소대기압이 98.6 kPa인 곳에서 펌프에 의하여 흡입되는 물의 압력을 진공계로 측정하였다. 진공계가 7.3 kPa을 가리켰을 때 절대압력은 몇 kPa인가?

① 0.93 ② 9.3 ③ 91.3 ④ 105.9

풀이

- 펌프의 흡입배관에서의 압력은 흡입구보는 높으나 수조측 보다는 낮다.
- 절대압 = 국소대기압 − 진공압 = 98.6 − 7.3 = 91.3 kPa

정답 ③

소방호스의 마찰손실에 대한 설명으로 가장 옳은 것은?

① 마찰손실은 호스길이에 반비례한다.
② 호스지름이 클수록 마찰손실이 크다.
③ 속도가 빠를수록 마찰손실이 크다.
④ 마찰손실은 호스의 거칠기(조도)와 무관하다.

풀이

유속이 빠를수록 마찰손실은 커진다.

정답 ③

옥외소화전 설비에서 가압송수장치로 압력수조를 이용한 최소압력은 몇 MPa인가? (단, P : 필요한 압력, p1 : 소방용 호스의 마찰손실수두, p2 : 배관의 마찰손실수두, p3 : 낙차의 환산수두이다.)

① P = p1 + p2 + p3 + 0.25 ② P = p1 + p2 + p3 + 0.17
③ P = p1 + p2 + p3 + 0.13 ④ P = p1 + p2 + p3 + 0.10

풀이

P = p1 + p2 + p3 + 최저방사압

정답 ①

표준대기압 상태인 대기 중에 노출된 큰 저수조의 수면보다 4 m 위에 설치된 펌프에서 물을 송출할 때, 펌프 입구에서의 정체압을 절대압력으로 나타내면 약 얼마인가? (단, 모든 손실은 무시한다.)

① 62.1 Pa ② 140.5 Pa ③ 62.1 kPa ④ 140.5 kPa

풀이

절대압 = 대기압 − 진공압 = 10.332 − 4 = 6.332 mAq × (101.325/10.332) = 62.097 kPa

정답 ③

그림과 같이 물이 담겨있는 어느 용기에 진공펌프가 연결된 파이프를 세워두고 펌프를 작동시켰더니 파이프 속의 물이 6.5 m까지 올라갔다. 물기둥 윗부분의 공기압은 절대압력으로 몇 kPa인가? (단, 대기압은 101.3 kPa이다.)

① 37.6 ② 47.6
③ 57.6 ④ 67.6

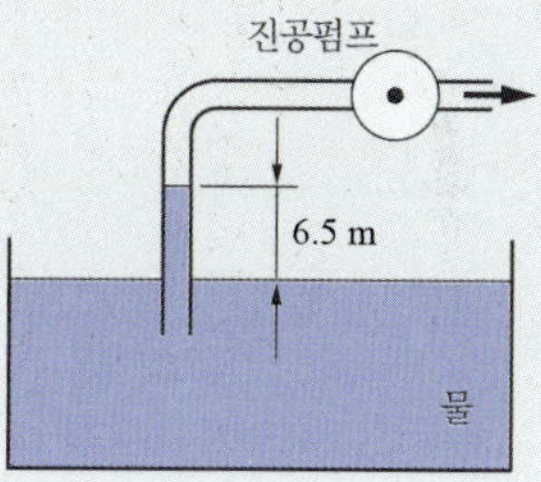

(출처 : 소방설비기사 기출문제)

풀이

절대압 = 대기압 − 진공압

- 절대압 $= 101.3 - 6.5\ \text{mAq} \times \dfrac{101.325\ \text{kPa}}{10.332\ \text{mAq}} = 37.555\ \text{kPa}$

정답 ①

압축비 3인 2단 펌프의 토출압력이 2.7 MPa이다. 이 펌프의 흡입력은 몇 kPa인가?

① 90 ② 150 ③ 300 ④ 900

풀이

압축비 $K = \left(\dfrac{P_{토출}}{P_{흡입}}\right)^{\frac{1}{단수}}$, $\dfrac{P_{토출}}{P_{흡입}} = K^{단수} = 3^2 = 9$

$P_{흡입} = \dfrac{P_{토출}}{9} = 2.7 \times 1000 / 9 = 300\ \text{kPa}$

정답 ③

11-2 펌프 전양정의 산정

1. 펌프의 전양정	#흡입수두 #토출수두 #정압수두 #동압수두 #손실수두 #흡입저항 #토출저항 #전수두
2. 비속도	#비속도 #단위풍량 #단위양정 #양흡입펌프 #다단펌프 #회전차
3. 상사법칙	#유량 #양정 #동력 #연속방정식 #토리첼리식

1 펌프의 전양정

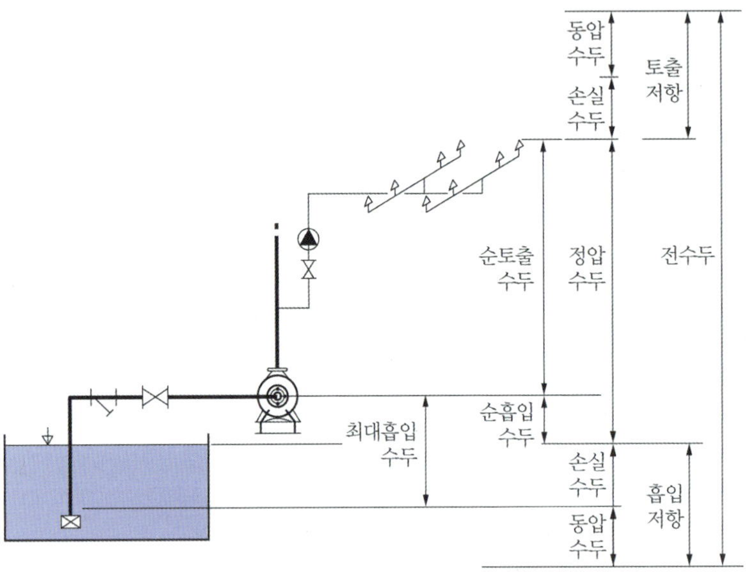

그림 11.6 펌프의 수두

- 펌프의 전수두 = 정압수두 + 동압수두 + 손실수두
- 최대흡입수두는 펌프의 진공도에 따라 달라진다.

2 비속도

1) 정의

- 최고효율점에서의 회전수[rpm], 유량[CMM], 양정[m]으로 구하는 값
- 크기와 관계없이 기하학적으로 상사한 송풍기의 형식에 따라 달라지는 특성값이다.

2) 비속도 산정

$$Ns = \frac{N.\sqrt{Q}}{H^{\frac{3}{4}}}$$

Ns	:	비속도	$[RPM.(m^3/min)^{\frac{1}{2}}.m^{\frac{3}{4}}]$
N	:	회전수	[RPM]
Q	:	유량	[CMM]
H	:	양정	[M]

- 양흡입펌프의 경우는 토출량을 1/2로 하고 다단펌프의 경우에는 '1/단수'로 구한다.
- 비속도는 무차원 수가 아니므로 입력값의 단위에 따라 달라짐에 주의한다.

3) 활용

- 비속도는 회전차의 상사성 또는 특성 및 형식을 결정하는 데 사용한다.
- 회전차의 형상 및 치수의 결정요소는 전양정, 토출량, 회전수 3가지가 있다.

4) 회전차의 형식과 비속도

- 일반적으로 고양정 저풍량일수록 비속도는 작아진다.
- 비속도가 큰 임펠러는 직경에 비해 출구폭이 넓다.

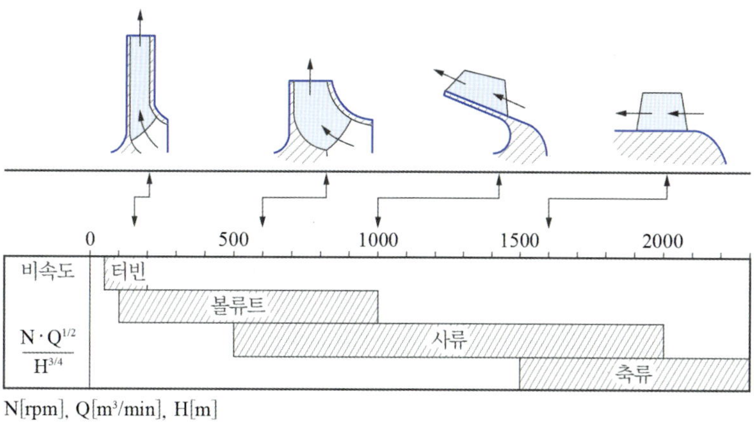

그림 11.7 펌프의 특성에 따른 비속도

5) 송풍기의 형식별 특성

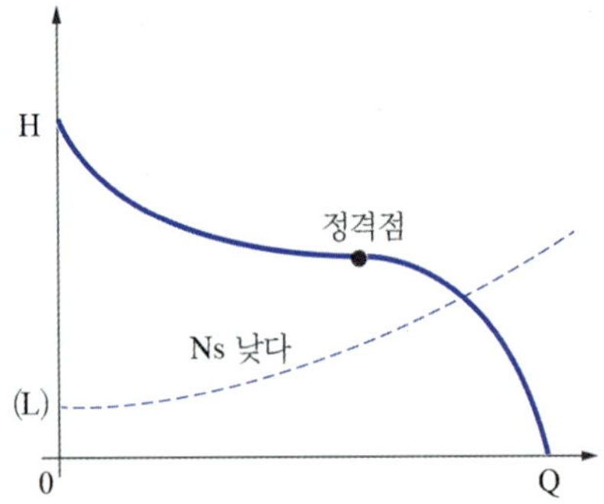

그림 11.8 원심식

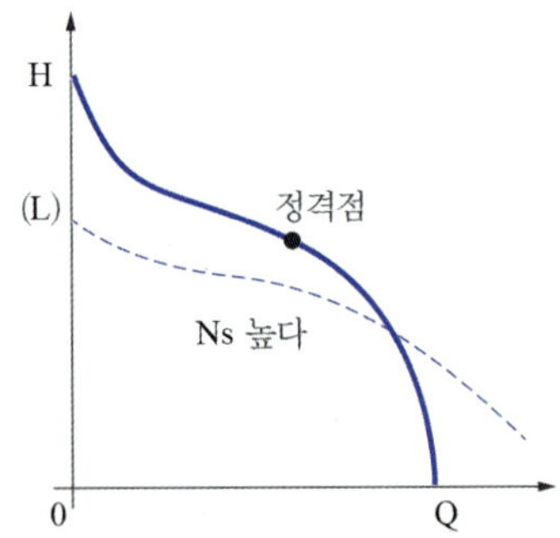

그림 11.9 축류

비속도가 작은 원심식송풍기	• 전압, 풍량 곡선의 구배가 완만하다. • 체절양정과 정격점(η_{max})의 차가 상대적으로 적다. • 토출량 증가에 따라 축동력이 증가한다. • Ns가 낮을수록 L-Q 곡선은 직선에 가깝다.
비속도가 큰 축류송풍기	• 전압, 풍량 곡선의 구배가 가파르다. • 체절양정이 정격점(η_{max})에 비해 매우 높다. • 체절점에서의 축동력이 가장 크다. • 토출량의 증가에 따라 축동력이 감소한다(대풍량 적합).

3 상사법칙

1) 유량과의 관계

• 연속방정식 $Q = A\ V \quad \frac{Q_2}{Q_1} = \left(\frac{A_2}{A_1}\right)\left(\frac{V_2}{V_1}\right) = \left(\frac{D_2}{D_1}\right)^2\left(\frac{V_2}{V_1}\right)$

• 속도 $V = \pi\, D\, N \quad \frac{V_2}{V_1} = \left(\frac{D_2}{D_1}\right)\left(\frac{N_2}{N_1}\right) \quad \therefore \quad \frac{Q_2}{Q_1} = \left(\frac{D_2}{D_1}\right)^3\left(\frac{N_2}{N_1}\right)$

2) 양정과의 관계

• 토리첼리식 $V = \sqrt{2gH} \qquad H = \frac{V^2}{2g} \quad \frac{H_2}{H_1} = \left(\frac{V_2}{V_1}\right)^2 \therefore \quad \frac{H_2}{H_1} = \left(\frac{D_2}{D_1}\right)^2\left(\frac{N_2}{N_1}\right)^2$

3) 축동력과의 관계

• 수동력 $P_w = Q\,H\ \dfrac{L_2}{L_1} = \left(\dfrac{Q_2}{Q_1}\right)\left(\dfrac{H_2}{H_1}\right) = \left(\dfrac{D_2}{D_1}\right)^3\left(\dfrac{N_2}{N_1}\right) \times \left(\dfrac{D_2}{D_1}\right)^2\left(\dfrac{N_2}{N_1}\right)^2 = \left(\dfrac{D_2}{D_1}\right)^5\left(\dfrac{N_2}{N_1}\right)^3$

실전문제

원심팬이 1700 RPM으로 회전할 때의 전압은 1520 Pa, 풍량은 240 m^3/min이다. 이 팬의 비교회전도는 약 몇 m^3/min · rpm · m인가? (단, 공기의 밀도는 1.2 kg/m^3이다.)

① 502 ② 652 ③ 687 ④ 827

풀이

$$N_S = \frac{NQ^{\frac{1}{2}}}{H^{\frac{3}{4}}} = \frac{N\sqrt{Q}}{\left(\dfrac{P}{\rho g}\right)^{\frac{3}{4}}} = \frac{1700\times\sqrt{240}}{\left(\dfrac{1520}{1.2\times 9.8}\right)^{\frac{3}{4}}} = 687.0325$$

정답 ③

소방펌프의 회전수를 2배로 증가시키면 소방펌프 동력은 몇 배로 증가하는가? (단, 기타 조건은 동일)

① 2 ② 4 ③ 6 ④ 8

풀이

유량 : $\dfrac{Q_2}{Q_1} = \left(\dfrac{N_2}{N_1}\right)\left(\dfrac{D_2}{D_1}\right)^3$, 양정 : $\dfrac{H_2}{H_1} = \left(\dfrac{N_2}{N_1}\right)^2\left(\dfrac{D_2}{D_1}\right)^2$, 동력 : $\dfrac{P_2}{P_1} = \left(\dfrac{N_2}{N_1}\right)^3\left(\dfrac{D_2}{D_1}\right)^5$

정답 ④

회전속도 1000 RPM일 때 송출량 Q m^3/min, 전양정 H m인 원심펌프가 상사한 조건에서 송출량이 1.1 Q m^3/min가 되도록 회전속도를 증가시킬 때, 전양정은?

① 0.91 H ② H ③ 1.1 H ④ 1.21 H

풀이

$\dfrac{Q_2}{Q_1} = \left(\dfrac{N_2}{N_1}\right)\left(\dfrac{D_2}{D_1}\right)^3$ 에서 유량비 = 회전수비 = 1.1

$\dfrac{H_2}{H_1} = \left(\dfrac{N_2}{N_1}\right)^2\left(\dfrac{D_2}{D_1}\right)^2$ 에서 양정비 = 회전수비^2 = 1.1^2 = 1.21

정답 ④

11-3 펌프의 이상현상

1. 공동현상 #공동현상 #Cavitation #NPSH #포화증기압 #필요흡입수두 #유효흡입수두
2. 수격현상 #수격현상 #Water Hammer #속도차 #압력차 #충격파 #수격방지기
3. 서징현상 #서징현상 #Surging #성능곡선 #운전점
4. 과열현상 #과열현상 #순환릴리프 #수온상승

1 공동현상 Cavitation

1) 정의

- 펌프의 흡입측에서 과도한 흡입양정, 동압 및 마찰손실압의 증가로 인하여 포화증기압 미만으로 압력이 낮아져 기포가 발생하는 현상

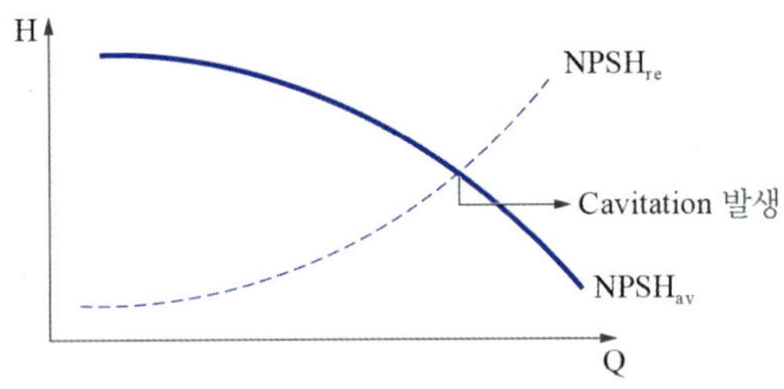

그림 11.10 NPSHav 와 NPSHre

- 유효흡입수두($NPSH_{av}$)와 필요흡입수두($NPSH_{re}$)의 관계로 표현된다.
- $NPSH_{re}$ > $NPSH_{av}$ 일 때 발생한다.
- NPSH란 Cavitation을 일으키지 않고 흡입 가능한 압력을 수두로 표현한 것이다.

2) NPSH

<table>
<tr><th>구분</th><th>NPSH$_{av}$ = 유효흡입수두</th><th colspan="2">NPSH$_{re}$ = 필요흡입수두</th></tr>
<tr><td>개념</td><td>설치되는 환경에 따라 정해지는 값</td><td colspan="2">펌프 제작시 정해지는 값</td></tr>
<tr><td>정의</td><td>흡입절대압 - 포화증기압</td><td colspan="2">펌프 흡입구에서 임펠라까지의 압력강하</td></tr>
<tr><td rowspan="3">관계식</td><td rowspan="3">$H > H_v$
$H_a \pm H_s - H_f - NPSH_{re} > H_v$
이항하면,
$H_a \pm H_s - H_f - H_v > NPSH_{re}$
좌항을 NPSH$_{av}$로 한다.
여기서, H_a : 대기압수두[m]
H_s : 낙차수두[m]
H_f : 손실수두[m]
H_v : 포화증기압수두[m]</td><td>비속도에 의한 계산</td><td>$\left(\frac{N\sqrt{Q}}{S}\right)^{\frac{4}{3}}$</td></tr>
<tr><td>Thoma의 Cavitation 계수에 의한 계산</td><td>σH [H : 전양정]</td></tr>
<tr><td>실험에 의한 방법</td><td>흡입압을 점차 내려 전양정의 저하가 3%되는 경우의 흡입조건에서 계산</td></tr>
</table>

3) NPSH와 Cavitation의 관계

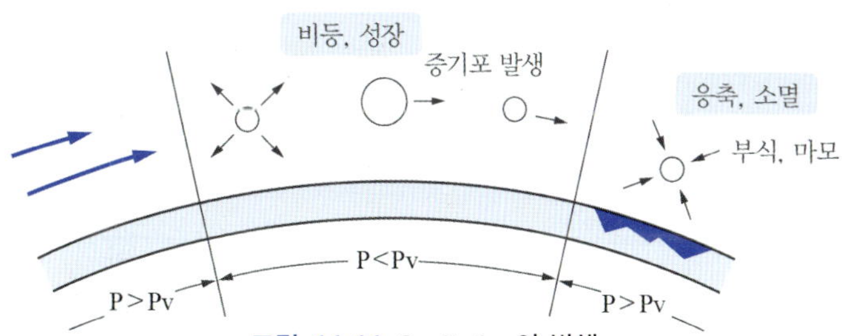

그림 11.11 Cavitation의 발생

펌프 운전 → 흡입측 압력저하 → 압력 < 포화증기압 → 기포발생 진동, 소음 → 파손

4) 방지대책

NPSH$_{av}$ 증가대책	• 흡입양정을 작게한다. • 흡입손실수두를 낮게한다. • 조도값 높은 배관재를 사용한다.
NPSH$_{re}$ 감소대책	• 펌프유량을 줄인다. • 양흡입펌프를 사용한다.
실무관련	• 펌프흡입측에 역편심 레듀샤를 설치한다. • 펌프흡입측은 버터플라이밸브 이외의 밸브를 사용한다.

2 수격현상 Water Hammer

1) 정의

- 속도차 → 압력차 → 충격파
- 펌프의 기동시 배관내의 압력이 급격한 속도로 상승한다.
- 펌프의 급정지, 밸브의 급개,폐, 유로의 방향전환 시에 발생한다.

2) 대책

- 관내유속을 낮게한다.
- fly wheel을 부착하여 유속변화를 완만히 한다.
- 수격방지기를 설치하여 수격을 흡수한다.

3 서징현상 Surging (맥동현상)

1) 정의

- 성능곡선상에 우상향의 구간이 있으면 2 이상의 운전점이 생성된다.
- 우상향의 구간에서 운전 시 압력 및 풍량이 반복적으로 증감하여 소음 및 진동을 유발하는 현상이다.

2) 송풍기의 서징발생 원인

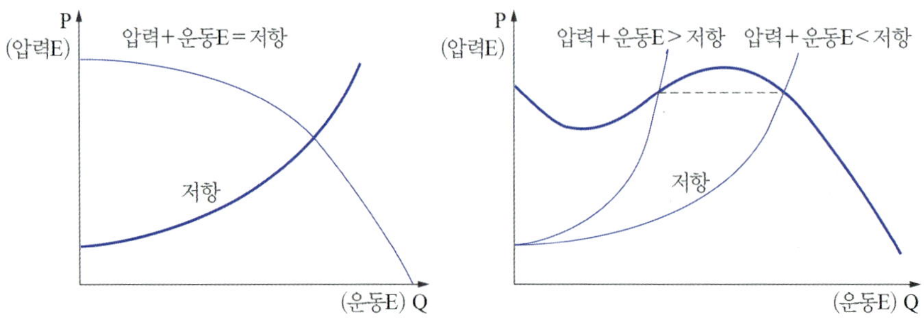

그림 11.12 서징현상의 발생

- 특성곡선에 산이 있을 경우 그 좌측에서 운전할 때
- 송풍저항곡선이 Fan의 특성곡선과 2 또는 3개소 이상 교차할 때
- 압력실과 같이 이미 압력을 갖고 있는 곳에 송풍할 때

3) 서징 방지대책

(1) 방풍

- 여분의 풍량을 대기 중에 방출
- 장점 : 풍량의 감소가 없다.
- 단점 : 공기소실 및 방풍구 소음 발생

(2) By-pass

- 여분의 공기를 흡입측으로 Feed back 순환
- 장점 : 항상 Surging 범위 내 안전운전 가능
- 단점 : 냉각장치 필요

(3) 흡입, 조임

- 흡입댐퍼 또는 Vane을 조여 서징범위 조정
- 압력곡선이 우하특성이 되도록 한다.

4 펌프의 과열현상

1) 과열현상

- 대유량의 펌프를 체절점 인근에서 장시간 운전할 때 임펠러 내부의 마찰열 증가로 인해 수온이 상승하는 현상이다.
- 운동에너지 → 열에너지 → 수온상승 → 과열현상 → Cavivation/열변형 발생

2) 대책

- 순환릴리프 밸브를 설치한다.

실전문제

물의 온도에 상응하는 증기압보다 낮은 부분이 발생하면 물은 증발되고 물속에 있던 공기와 물이 분리되어 기포가 발생하는 펌프의 현상은?

① 피드백 feed back ② 서징현상 surging
③ 공동현상 cavitation ④ 수격작용 water hammering

풀이

유체의 포화증기압이 정압보다 클 때 기포가 발생한다.
정압이 감소하는 펌프의 흡입측에서 발생하게 된다.

정답 ③

캐비테이션에 관한 설명으로 옳은 것은?

① 캐비테이션은 물의 온도가 낮거나 흡입거리가 길수록 발생하기 쉽다.
② 원심펌프의 경우 캐비테이션 발생의 가장 큰 원인은 깃 이면의 압력강하이다.
③ 공동현상은 펌프의 설치 위치와 관계없이 임펠러의 속도 증가로 인한 압력강하에 기인한다.
④ 원심펌프의 공동현상을 방지하기 위해서는 펌프의 회전수를 낮추고 단흡입 펌프로 교체한다.

풀이

물의 온도가 높을수록 캐비테이션이 발생할 가능성이 높아진다.

정답 ②

저수조의 소화수를 빨아올릴 때 펌프의 유효흡입양정($NPSH_{av}$)으로 적합한 것은? (단, P_a : 흡입수면의 대기압, P_v : 포화증기압, γ : 비중량, H_a : 흡입실양정, H_L : 흡입손실수두)

① $NPSH_{av} = \frac{Pa}{\gamma} + \frac{Pv}{\gamma} - H_a - H_L$ ② $NPSH_{av} = \frac{Pa}{\gamma} - \frac{Pv}{\gamma} + H_a - H_L$
③ $NPSH_{av} = \frac{Pa}{\gamma} - \frac{Pv}{\gamma} - H_a - H_L$ ④ $NPSH_{av} = \frac{Pa}{\gamma} - \frac{Pv}{\gamma} - H_a + H_L$

풀이

흡입수면의 대기압이 높을수록 유효흡입양정은 증가(+)한다.
포화증기압이 높을수록 유효흡입양정은 감소(−)한다.
흡입실양정이 커질수록 유효흡입양정은 감소(−)한다.
흡입손실수두가 커질수록 유효흡입양정은 감소(−)한다.

정답 ③

온도가 T인 유체가 정압이 P인 상태로 관속을 흐를 때 공동현상이 발생하는 조건으로 가장 적절한 것은? (단, 유체온도 T에 해당하는 포화증기압을 Ps라 한다.)

① P > Ps ② P > 2Ps ③ P < Ps ④ P < 2Ps

풀이

공동현상(cavitation)은 $NPSH_{re}$ 보다 $NPSH_{av}$가 작을 때 발생한다.
포화증기압이 정압보다 클 때 발생한다.

정답 ③

펌프 운전 중에 펌프 입구와 출구에 설치된 진공계, 압력계의 지침이 동시에 토출유량이 변화하는 현상으로 송출압력과 송출유량 사이에 주기적으로 변동이 일어나는 현상은?

① 수격현상 ② 서징현상 ③ 공동현상 ④ 와류현상

풀이

성능곡선상에 펌프의 운전점이 산형곡선 구간일 경우 발생한다.

정답 ②

연습문제

01 펌프에 대한 설명으로 옳은 것은?

① 토리첼리의 실험에서 최대흡입높이는 무한함을 증명하였다.
② 펌프방식은 설치위치가 자유로우나 고가수조방식에 비해 공급신뢰도가 떨어진다.
③ 압력수조방식의 가압송수장치가 가장 많이 사용된다.
④ 가압송수장치의 종류에는 펌프방식과 고가수조방식으로 2가지가 있다.

정답 ②
풀이 펌프방식은 설치위치가 자유로운 고가수조방식에 비해 공급신뢰도가 떨어진다.

02 펌프의 양정에 대한 설명으로 잘못된 것은 ?

① 전수두 = 정압수두 + 동압수두 + 손실수두
② 정압수두는 순흡입수두와 순토출수두를 합한 것이다.
③ 최대흡입수두는 만수위 상태인 수조의 수면과 펌프흡입구 사이의 낙차이다.
④ 부압흡입방식의 순흡입수두는 10.3 m를 초과할 수 없다.

정답 ③
풀이 최대합입수두는 유효수량의 최저수면과 펌프흡입구 사이의 낙차이다.

03 다음 중 공동현상에 대한 방지책이 될 수 없는 것은?

① 관경을 키워 유속을 감소시킨다.
② 조도값이 높은 배관재를 사용하여 마찰손실을 줄인다.
③ 펌프의 흡입측 배관에 버터플라이밸브 이외의 밸브를 사용한다.
④ 부압흡입방식의 수조를 사용하여 흡입배관 내에 공기 고임을 방지한다.

정답 ④
풀이 부압흡입방식의 수조는 수위가 펌프의 흡입구보다 낮아 공동현상의 발생확률을 높인다.

학습정리

1. 가압송수장치의 종류

- 펌프방식은 설치위치 선정이 자유로우나 공급신뢰도가 다소 낮다.
- 고가수조방식은 설치위치 선정에 제약이 있으나 공급신뢰도가 가장 높다.
- 압력수조, 가압수조, 상수도직결 방식도 있다.

2. 펌프의 원리

- 임펠러의 중심에서 진공을 형성하면 수면에 작용하는 대기압의 힘으로 흡입배관을 통해 유체를 흡입한다.
- 펌프의 흡입수두는 이론상 최대 10.3 m를 초과할 수 없다.

3. 펌프의 전양정

- 펌프의 전수두 = 정압수두 + 동압수두 + 손실수두
- 최대흡입수두는 펌프의 진공도에 따라 달라진다.

4. 비속도

- 최고효율점에서의 회전수[rpm], 유량[CMM], 양정[m]으로 구하는 값
- 크기와 관계없이 기하학적으로 상사한 송풍기의 형식에 따라 달라지는 특성값이다.

5. 상사법칙

- 회전차의 회전수와 임펠러 직경을 조절하면 유량, 양정, 동력을 변화시킬 수 있다.

6. 펌프의 이상현상

- 공동현상은 흡입측의 정압을 포화증기압이 초과할 때 기포가 발생하는 현상이다.
- 수격현상은 유수의 급격한 방향전환 및 폐쇄 시 속도차가 충격파로 작용하는 현상이다.
- 서징현상은 성능곡선의 우상향구간에서 운전 시 압력 및 풍량이 증감하는 현상이다.
- 과열현상은 체절점 인근에서 장시간 운전할 때 마찰열로 수온이 상승하는 현상이다.

CHAPTER

12

수계소화설비의 성능설계 1

학습목표

- 수계소화설비의 계통을 이해하여 구성할 수 있다.
- 구간별 마찰손실을 계산하여 총 마찰손실을 계산할 수 있다.
- 마찰손실 및 주변상황을 고려하여 펌프의 유량 및 양정을 결정할 수 있다.

학습목차

복습점검

1. 펌프는 설치위치가 자유로우나 고가수조에 비해 공급신뢰도가 떨어진다.

   답 ○ 고가수조방식은 설치공간에 제약이 있으나 공급신뢰도가 높다.

2. 최대흡입수두는 수원의 만수위면과 펌프흡입구 사이의 낙차이다.

   답 × 최대흡입수두는 유효수량의 최저수면과 펌프흡입구 사이의 낙차이다.

3. 부압흡입수조를 사용하여 흡입배관 내에 공기고임을 방지한다.

   답 × 부압흡입방식의 수조는 수위가 펌프의 흡입구보다 낮아 공동현상의 발생확률을 높인다.

12-1 계통의 이해

1. 옥내소화전설비의 계통	#수원 #가압송수장치 #배관 #소화전 #감시제어반 #동력제어반
2. 방수압 및 방수량	#방수압 #방수량 #피토게이지 #방출계수

1 옥내소화전설비의 계통

1) 계통도

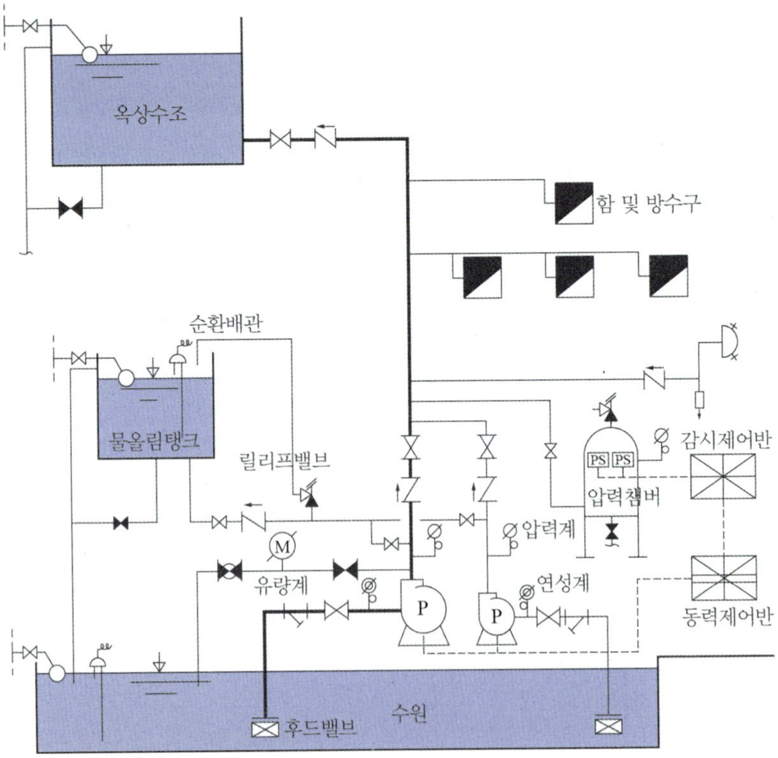

그림 12.1 옥내소화전설비 계통도

2) 주요구성

- 수원, 가압송수장치, 배관, 소화전
- 감시제어반, 동력제어반

3) 수원

구분	~ 29층	30 ~ 49층	50층 ~
LPM/개	130		
유효시간	20분 이상	40분 이상	60분 이상
수원[Q]의 계산	Q ≧ 2.6 N	Q ≧ 5.2 N	Q ≧ 7.8 N

- Q : 수원 [m^3]
- N : 가장 많이 설치된 층의 개수(최대 2개, 고층건물은 5개)

2 방수압 및 방수량

- 피토게이지를 통해 방수압을 측정한다.
- 측정한 방수압을 아래식에 대입하여 방수량을 계산한다.

$$Q = 0.653\,D^2\sqrt{10P}$$

Q	: 방수량	[LPM]
D	: 노즐구경	[mm]
P	: 방수압	[MPa]

- 관경값 및 흐름계수 특성을 포함하고 있는 방출계수가 주어지는 경우 다음식을 통해 방수량을 계산할 수 있다.

$$Q = K\sqrt{10P}$$

Q	: 방수량	[LPM]
K	: 방출계수	[-]
P	: 방수압	[MPa]

건물 내에 설치된 옥내소화전의 수가 1층에 5개소, 2층에 5개소, 3층에 4개소이다. 이 건물 내에 비치해야 할 수원의 최소 저수량[m^3]은?

풀이

$2.6 \times 5 = 13\ m^3$

(이 문제의 출제당시 법정 최대 기준개수는 5개였다. 현재는 최대 기준개수가 2개로 개정되었다.)

정답 13 m^3 (현재 기준으로는 '5.2 m^3 이상'이 된다.)

실전문제

건물 내에 옥내소화전을 1층에 7개, 2층에 6개, 3층에 5개, 4층에 4개, 5층에 4개를 설치하였다. 이 건물에 필요한 수원의 저수량[m^3]은 얼마인가?

풀이

$2.6 \times 5 = 13\ m^3$

(이 문제의 출제당시 법정 최대 기준개수는 5개였다. 현재는 최대 기준개수가 2개로 개정되었다.)

정답 13 m^3 이상(현재 기준으로는 '5.2 m^3 이상'이 된다.)

어떤 소방대상물에 옥내소화전을 각 층에 7개씩 설치되도록 설계하려 할 때 수원의 최소유효저수량과 가압송수장치의 최소토출량은 얼마로 산정하여야 하는가?

풀이

최소유효저수량 $2.6 \times 5 = 13\ m^3$, 최소토출량 $130 \times 5 = 650$ [LPM]

(이 문제의 출제당시 법정 최대 기준개수는 5개였다. 현재는 최대 기준개수가 2개로 개정되었다.)

정답 13 m^3, 650 LPM(현재 기준으로는 '5.2 m^3, 260 L/min'이 된다.)

옥내소화전을 설치완료하고 최상층에 설치된 테스트 밸브측의 압력을 측정한 결과 0.4 MPa이었다. 이때 테스트 노즐의 오리피스 구경이 15 mm이었다면 방수량은 대략 어느 정도인가? (단, 노즐의 흐름계수(flow coefficient)는 0.75이다.)

풀이

$$Q = 0.653\, D^2 \sqrt{10P} \times k$$
$$= 0.653 \times 15^2 \times \sqrt{10 \times 0.4} \times 0.75 = 220.3875\ [\mathrm{L/min}]$$

정답 220.39 L/min

소방펌프의 성능시험을 위하여 오리피스 방식의 유량측정장치를 설치하고 오리피스 양측의 압력을 측정하였더니, 인입측의 압력은 1 MPa, 토출측의 압력은 0.5 MPa이었다. 이때의 유량[lpm]은 얼마인가? (오리피스 K상수는 600이라고 가정한다.)

풀이

$$Q = K\sqrt{10 \Delta P}$$
$$= 600 \times \sqrt{10 \times (1 - 0.5)} = 1341.6407\ [\mathrm{L/min}]$$

정답 1341.64 lpm

어느 옥내소화전설비를 작동시켜 호스의 관창으로부터 살수하면서 피토게이지를 사용하여 선단의 방수압을 측정하였더니 0.25 MPa이었다. 이 노즐의 선단으로부터 방사되는 순간의 물의 유속은 몇 m/s인가? (단, 중력가속도는 9.8 m/s^2이다.)

풀이

$$v = \sqrt{2gh}$$

$$= \sqrt{2 \times 9.8 \times 0.25 \text{ MPa} \times \frac{10.332 \text{ mAq}}{0.101325 \text{ MPa}}} = 22.3528\,[\text{m/s}]$$

정답 22.35 m/s

12-2 마찰손실의 산정

1. 배관의 마찰손실 #관이음 #관부속품류 #상당길이 #최대유량 #하겐-윌리엄
2. 호스의 마찰손실 #아마호스 #고무내장 #마찰손실수두

1 배관의 마찰손실

1) 산출순서

- 전체 경로의 관, 관이음 및 관부속품류의 규격 및 수량을 산출한다.
- 구간별 최대유량을 결정한다.
- 경로별 상당길이를 합산하여 총연장을 구한다.
- 하겐 - 윌리엄 식을 통해 전체 배관경로에서의 마찰손실을 구한다.

2) 직관의 마찰손실

유량[L/min]	130	260	390	520
40A	14.7			
50A	5.1	18.4		
65A	1.72	6.20	13.2	
80A	0.71	2.57	5.47	9.20

- 관경이 클수록, 유량이 작을수록 마찰손실은 감소한다.
- 위 표는 관경과 유량에 대한 마찰손실을 일반화한 것으로 절대적인 값은 아니다.

2 호스의 마찰손실

- 호스 내부면을 고무재질로 하여 마찰손실을 줄인 고무내장호스가 일반적으로 사용된다.
- 옥내소화전은 130 LPM/개, 옥외소화전은 350 LPM/개

구분 [LPM]	40		50		65	
	아마호스	고무내장	아마호스	고무내장	아마호스	고무내장
130	26	12	7	3	-	-
350	-	-	-	-	10	4

실전문제

옥내소화전설비의 배관 및 관부속품의 마찰손실수두가 4 m, 소방호스의 마찰손실수두가 3 m일 때 설치하여야 할 고가수조의 최소설치높이[m]는?

풀이

4 + 3 + 17 = 24 m

정답 24 m

12-3 펌프의 결정

1. 펌프의 동력	#수동력 #축동력 #전동력 #전동기 #효율 #전달계수
2. 펌프의 성능곡선	#성능곡선 #양정 #유량 #효율 #최대효율점 #운전점
3. 펌프의 용량산정	#방수압 #방수량 #등가길이 #마찰손실압력 #마찰손실수두

1 펌프의 동력

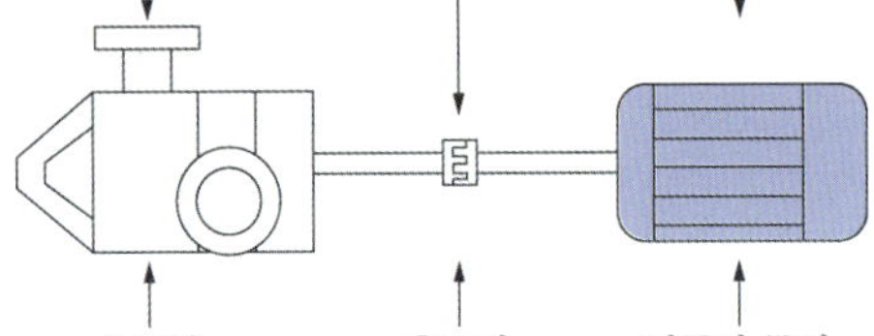

그림 12.2 펌프와 동력

1) 수동력

• 펌프에서 유체에 주어지는 동력

$$P_{수} = \frac{\gamma HQ}{1000}$$

$P_{수}$	:	수동력	[kW]
γ	:	비중량	[N/m^3]
H	:	전양정	[m]
Q	:	유량	[m^3/s]

• 물을 유체로 하고 유량을 [m^3/min]으로 하면

• $P_{수} = \dfrac{\gamma HQ}{1000}$

$$= \frac{9800}{1000} HQ \times \frac{1\ m^3/s}{60\ m^3/\min} = 0.16333\,HQ$$

$$P_{수} = 0.163\,HQ$$

$P_{수}$	: 수동력	[kW]
H	: 전양정	[m]
Q	: 유량	[m³/min]

1) 축동력

- 펌프의 효율을 고려한 동력이다.

$$P_{축} = \frac{\gamma HQ}{1000\,\eta}$$

$P_{축}$	: 축동력	[kW]
γ	: 비중량	[N/m³]
H	: 전양정	[m]
Q	: 유량	[m³/s]
η	: 효율	[-]

- 물을 유체로 하고 유량을 [m³/min]으로 하면

$$P_{축} = \frac{0.163\,HQ}{\eta}$$

$P_{축}$	: 축동력	[kW]
H	: 전양정	[m]
Q	: 유량	[m³/min]
η	: 효율	[-]

2) 전동력

- 펌프의 효율과 전동기의 전달계수를 고려한 동력이다.
- 실제 전동기의 동력을 구하는 방법이다.

$$P_{전} = \frac{\gamma HQ}{1000\,\eta} \times K$$

$P_{전}$	: 전동력	[kW]
γ	: 비중량	[N/m³]
H	: 전양정	[m]
Q	: 유량	[m³/s]
η	: 효율	[-]
K	: 전달계수	[-]

- 물을 유체로 하고 유량을 [m³/min]으로 하면

$$P_{전} = \frac{0.163\,HQ}{\eta} \times K$$

$P_{전}$	:	전동력	[kW]
H	:	전양정	[m]
Q	:	유량	[m^3/min]
η	:	효율	[-]
K	:	전달계수	[-]

2 펌프의 성능곡선

1) 성능곡선

- 펌프의 유량, 양정, 효율의 관계를 선도로 표현한 것
- 목표하는 유량과 양정을 만족하는 펌프의 사양 및 규격을 결정하기 위해 사용한다.

2) 원심펌프의 특성

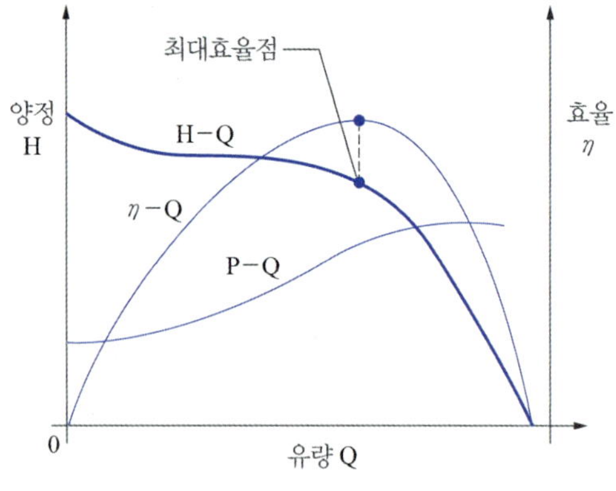

그림 12.3 원심펌프 성능곡선

- 최대효율점의 인근에 운전점이 위치하도록 펌프를 선정하여야 한다.

실전문제

펌프에서 기계효율이 0.8, 수력효율이 0.85, 체적효율이 0.75인 경우 전효율은 얼마인가?

① 0.51 ② 0.68 ③ 0.8 ④ 0.9

풀이

$$\eta_{전체} = \eta_{기계} \times \eta_{수력} \times \eta_{체적}$$
$$= 0.8 \times 0.85 \times 0.75 = 0.51$$

정답 ①

펌프에 의하여 유체에 실제로 주어지는 동력은? (단, Lw는 동력 kW, γ 는 물의 비중량 N/m³, Q는 토출량 m³/min, H는 전양정 m, g는 중력가속도 m/s²이다.)

① $Lw = \dfrac{\gamma HQ}{102 \times 60}$ ② $Lw = \dfrac{\gamma HQ}{1000 \times 60}$ ③ $Lw = \dfrac{\gamma HQg}{102 \times 60}$ ④ $Lw = \dfrac{\gamma HQg}{1000 \times 60}$

풀이

$$Lw = \frac{\gamma HQ}{1000 \times 60}$$

정답 ②

안지름이 30 cm이고 길이가 800 m인 관로를 통하여 300 L/s의 물을 50 m 높이까지 양수하는데 필요한 펌프의 동력은 약 몇 kW인가? (단, 관마찰계수는 0.03이고 펌프의 효율은 85% 이다.)

① 173 ② 250 ③ 308 ④ 427

풀이

$$v = \frac{Q}{A} = \frac{4Q}{\pi D^2} = \frac{4 \times 0.3}{3.14 \times 0.3^2} = 4.2463 \text{ m/s}$$

$$\Delta H_L = f\frac{v^2}{2g}\frac{L}{D} = \frac{0.03 \times 4.246^2 \times 800}{2 \times 9.8 \times 0.3} = 78.5858 \text{ m}$$

$$P = \frac{\gamma HQ}{1000 \times \eta} = \frac{9800 \times (50 + 73.5858) \times 0.3}{1000 \times 0.85} = 427.46$$

정답 ④

3 펌프의 용량산정

1) 지문(배점 18점)

- 다음 그림은 어느 옥내소화전설비의 계통을 나타내는 isometric diagram이다.
- 이 옥내소화전설비에서 펌프의 소요정격토출량은 200 L/min이다.
- 주어진 조건을 참고로 하여 각 물음에 답하시오.

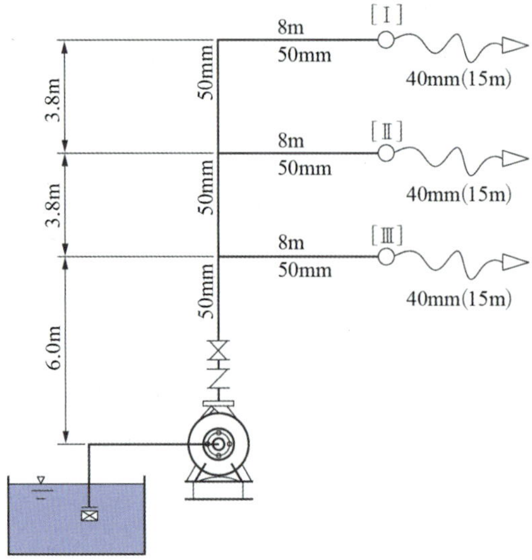

그림 12.4 옥내소화전계통(출처 : 소방설비기사(기계) 기출문제)

2) 조건

- 옥내소화전 [I]에서 관창선단의 방수압력과 방수량은 각각 0.17 MPa, 130 L/분이다.
- 호스의 길이 100 m 당 130 L/분의 유량으로 마찰손실수두는 15 m 이고, 마찰손실의 크기는 유량의 제곱에 정비례한다.
- 각 밸브 및 관부속품에 대한 등가길이는 다음 표와 같다.

관부속품	등가길이[m]	관부속품[m]	등가길이
옥내소화전 앵글밸브	10 m	90° 엘보(50mm)	1 m
체크밸브	5 m	분류티(50mm)	4 m
게이트밸브	1 m		

- 배관의 마찰손실압력은 다음 식에 따른다고 가정한다.

$$\Delta P_m = 6.174 \times 10^4 \times \frac{Q^2}{C^2 \times D^5}$$

ΔP_m	: 1 m당 압력손실	[MPa/m]
Q	: 유량	[L/분]
C	: 관의 조도(120)	[-]
D	: 관의 내경	[mm]

- 관의 내경은 50 mm 배관의 경우 53 mm, 40 mm 배관의 경우 42 mm로 한다.

- 펌프의 양정은 토출량의 대소에 관계없이 일정하다고 가정한다.
- 물음의 정답을 산출할 때 펌프 흡입측의 마찰손실수두, 정압, 동압 등은 일체 계산에 포함시키지 않는다.
- 조건에 없는 것은 무시한다.

3) 질문과 답

- 최고위 옥내소화전 앵글밸브의 호스접결구에서 관창선단까지의 마찰손실수두[m]는 얼마인가?

계산 과정	$15\,\text{m} \times \dfrac{15\,\text{m}}{100\,\text{m}} = 2.25\,\text{m}$
답	2.25 [m]

- 최고위 옥내소화전 앵글밸브에서의 마찰손실압력[kPa]은 얼마인가?

계산 과정	$\Delta P_m = 6.174 \times 10^4 \times \dfrac{130^2}{120^2 \times 42^5} \times 10\,\text{m} = 5.54 \times 10^{-3}\,\text{MPa}$
답	5.54 [kPa]

- 최고위 옥내소화전 앵글밸브 인입구로부터 펌프 토출구까지의 총 등가길이는 얼마인가?

계산 과정	• 직관의 길이 = 6+3.8+3.8+8 = 21.6 m • 관부속품의 등가길이 = 5+1+1 = 7 m, • 총 등가길이 = 21.6+7 = 28.6 m
답	28.6 [m]

- 최고위 옥내소화전 앵글밸브 인입구로부터 펌프 토출구까지의 마찰손실압력[kPa]은 얼마인가?

계산 과정	$\Delta P_m = 6.174 \times 10^4 \times \dfrac{130^2}{120^2 \times 53^5} \times 28.6\,\text{m} = 4.955 \times 10^{-3}\,\text{MPa}$
답	4.96 [kPa]

• 펌프의 전동기 소요동력은 몇 kW인가? (단, 효율은 0.6이며, 축동력계수는 1.1이다.)

계산 과정	$H = h_{낙차} + h_{마찰} + h_{호스} + h_{방사}$ $= 13.6 + [(4.96 + 5.54) \times \frac{10.332 \text{ mAq}}{101.325 \text{ kPa}}] + 2.25 + 17$ $= 33.92 \text{ m}$ $P_{전} = \frac{0.163HQ}{\eta} \times K = \frac{0.163 \times 33.92 \times 0.2}{0.6} \times 1.1 = 2.0273 \text{ kW}$
답	2.03 [kW]

연습문제

01 옥내소화전설비의 수원에 대한 설명으로 틀린 것은?

① 옥내소화전의 기준개수는 가장 많이 설치된 층의 모든 개수로 한다.
② 29층 이하의 특정소방대상물은 20분 동안의 유효수량을 확보한다.
③ 50층 이상의 특정소방대상물은 60분 이상의 유효수량을 확보한다.
④ 소화전 1개당 최저방수량은 130 L/min으로 한다.

정답 ①
풀이 옥내소화전의 기준개수는 가장 많이 설치된 층의 개수로 하며 최대 2개로 한다.

02 옥내소화전설비의 마찰손실수두에 대한 설명으로 잘못된 것은?

① 소화전 1개당 최저방수량은 130 L/min으로 한다.
② 호스의 마찰손실수두를 합산하여야 한다.
③ 직관의 마찰손실수두만을 구하여 반영한다.
④ 호스의 재질 및 관경에 따라 마찰손실수두가 달라진다.

정답 ③
풀이 직관 및 관부속품 그리고 호스에서의 마찰손실수두를 구하여 반영한다.

03 펌프의 효율에 대한 설명이다. 잘못된 것은?

① 효율이 높아지면 소요동력이 감소한다.
② 최대효율점의 인근에 운전점이 위치하도록 하여야 한다.
③ 수동력에 효율 및 전달계수를 반영하여 전동력을 구한다.
④ 축동력은 효율이 반영되지 않는다.

정답 ④
풀이 수동력에 효율을 반영하여 축동력을 구한다.

학습정리

1. 옥내소화전설비의 구성

- 수원, 가압송수장치, 배관, 소화전
- 감시제어반 동력제어반

2. 방수압 및 방수량

- 피토게이지를 통해 방수압을 측정
- 측정한 방수압으로 방수량을 계산

3. 배관의 마찰손실

- 구간별 최대유량을 결정
- 경로별 상당길이를 합산하여 총연장을 구함

4. 호스의 마찰손실

- 호스 내부면을 고무재질로 하여 마찰손실을 줄인 고무내장호스가 일반적으로 사용됨
- 옥내소화전은 130 LPM/개, 옥외소화전은 350 LPM/개

5. 펌프의 결정

- 수동력은 펌프에서 유체에 주어지는 동력
- 축동력은 수동력에 펌프의 효율을 반영하였음
- 전동력은 축동력에 전달계수를 반영하였음
- 최대효율점의 인근에 운전점이 위치하도록 펌프를 선정하여야 함

CHAPTER

13

수계소화설비의 성능설계 2

학습목표

- 화재의 제어 및 진압을 위한 균일한 방출의 중요성을 설명할 수 있다.
- 루프배관의 구간별 손실을 정량화하여 계산할 수 있다.
- 배관의 성능설계 절차를 단계별로 결정해낼 수 있다.

학습목차

- 균일한 방출
- 루프배관 해석
- 배관의 성능설계

복습점검

1. 옥내소화전의 기준개수는 가장 많이 설치된 층의 모든 개수로 한다.

   답 × 옥내소화전의 기준개수는 가장 많이 설치된 층의 개수로 하며 최대 2개로 한다.

2. 옥내소화전설비의 마찰손실수두는 직관의 마찰손실수두만을 구하여 반영한다.

   답 × 직관 및 관부속품 그리고 호스에서의 마찰손실수두를 구하여 반영한다.

3. 펌프의 축동력에는 효율이 반영되지 않는다.

   답 × 수동력에 효율을 반영하여 축동력을 구한다.

13-1 균일한 방출

1. 살수밀도	#감지특성 #방사특성 #화재제어 #화재진압 #수손피해 #수원고갈 #RDD #필요살수밀도 #ADD #실제살수밀도
2. 국내에서의 살수밀도	#기준개수 #수평거리 #헤드간격 #살수밀도
3. NFPA에서의 살수밀도	#살수밀도 #주수시간 #화재가혹도 #면적-밀도 그래프

1 살수밀도

1) 스프링클러 헤드의 특성

화재 감지특성	방사특성
RTI, C, 표시온도	화재제어, 화재진압

- 감지하여 개방한 헤드에서 방사되는 소화수가 화재표면에 도달하여 소화하기 위해서는 필요한 살수밀도 이상을 달성하여야 한다.
- 과도한 살수는 수손피해를 야기하며 이른 수원고갈로 화재진압에 실패하는 상황을 초래한다.
- 화재진압을 위해서는 '실제살수밀도 ADD > 필요살수밀도 RDD'를 만족하여야 한다.

2) 필요살수밀도 RDD Required Delivered Density

- 화재 진압에 필요한 살수밀도

$$\text{RDD} = \frac{\text{화재진압에 필요한 최소한의 물의 양}}{\text{가연물 상단 표면적}}$$

- 시간 경과와 방출열량 커질수록 필요한 물의 양 증가

3) 실제살수밀도 ADD Actual Delivered Density

- 화염을 침투하여 도달한 물의 분포 밀도

$$\text{ADD} = \frac{\text{화염을 침투하여 도달한 물의 양}}{\text{가연물 상단 표면적}}$$

- 시간이 경과하고 방출열량이 커질수록 화심까지 도달하는 물의 양은 적어진다.

4) RDD와 ADD 관계

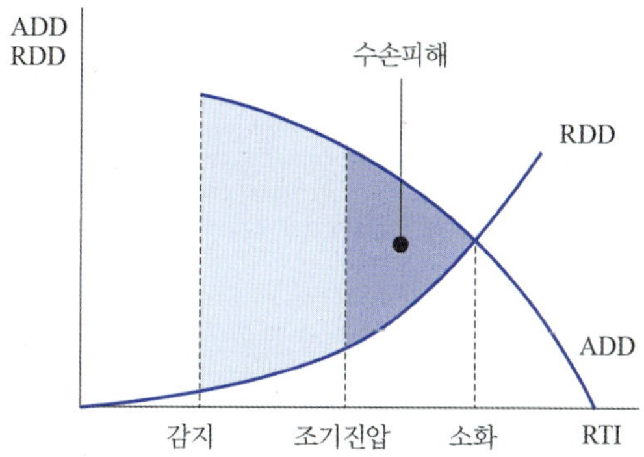

그림 13.1 ADD와 RDD 관계

5) 고려사항

- 헤드의 방수량이 낮아도 RTI가 낮을 경우 화재진압이 가능하다.
- 헤드 선정시 성능위주 설계를 통한 가연물의 열방출속도를 고려할 필요가 있다.

2 국내에서의 살수밀도

1) 기준개수

- 건축물의 규모와 용도에 따라 기준개수를 최대개수로 정하여 기준개수의 헤드가 모두 개방되어도 안정된 유량과 압력을 공급할 수 있도록 하고 있다.

<table>
<tr><th>구분</th><th colspan="4">스프링클러</th></tr>
<tr><td rowspan="9">기준개수</td><td>아파트</td><td></td><td></td><td>10 개</td></tr>
<tr><td rowspan="6">10층 이하
(지하층제외)</td><td rowspan="2">부착높이</td><td>8 m 미만</td><td>10 개</td></tr>
<tr><td>8 m 이상</td><td>20 개</td></tr>
<tr><td rowspan="2">근생, 판매,
운수, 복합</td><td>그 밖</td><td>20 개</td></tr>
<tr><td>판매,
판매복합</td><td>30 개</td></tr>
<tr><td rowspan="2">공장, 창고
(랙크식 포함)</td><td>그 밖</td><td>20 개</td></tr>
<tr><td>특수가연물</td><td>30 개</td></tr>
<tr><td colspan="3">11층이상,
지하가, 지하역사</td><td>30 개</td></tr>
<tr><td>방수량</td><td colspan="4">80 lpm</td></tr>
<tr><td>방사시간</td><td colspan="4">20 min</td></tr>
<tr><td>토출량</td><td colspan="4">N×80 lpm</td></tr>
<tr><td>수원</td><td colspan="4">N×80 ×20</td></tr>
</table>

2) 수평거리

- 화재가혹도가 클수록 수평거리를 작게 하여 결과적으로 살수밀도를 높이도록 하고 있다.

<table>
<tr><th colspan="2">소방대상물</th><th>수평거리[R]</th><th>헤드간격[L]</th></tr>
<tr><td colspan="2">무대부 특수가연물 저장 취급</td><td>1.7 m</td><td>2rcos45 = 2.4 m</td></tr>
<tr><td colspan="2">렉크식 창고</td><td>2.5m</td><td>3.5 m</td></tr>
<tr><td colspan="2">아파트</td><td>3.2 m</td><td>4.5 m</td></tr>
<tr><td rowspan="2">기타소방대상물</td><td>비내화구조</td><td>2.1 m</td><td>3.0 m</td></tr>
<tr><td>내화구조</td><td>2.3 m</td><td>3.3 m</td></tr>
</table>

3 NFPA에서의 살수밀도

1) 살수밀도 및 주수시간

구 분	살수밀도	주수시간
경급	4.1 lpm[0.1gpm/ft^2]	30~60분(1시간)
중급 Ⅰ	6.1(0.15)	60~90분(1시간 30분)
중급 Ⅱ	8.1(0.2)	
상급 Ⅰ	12.2(0.3)	90~120분(2시간)
상급 Ⅱ	16.3(0.4)	

2) 화재가혹도 결정

구분	가연물 양	가연성 정도	열방출률	적재높이	인화성 · 가연성 액체	용도
경	적다	작다	낮다			교회, 학교, 병원, 주택
중Ⅰ	중간	중간	보통	2.4 m 이하		주차장, 전자제품, 세탁소
중Ⅱ	중간 이상	중간 이상	중간 이상	3.7 m 이하		곡물공장, 도서관, 서고,무대
상Ⅰ	매우 많다	매우 크다	높다		거의 없다	합판 제조공장, 제재소
상Ⅱ	매우 많다	매우 크다	높다		매우 많다	도장, 플라스틱 공장, 조립식

3) 면적-밀도 그래프

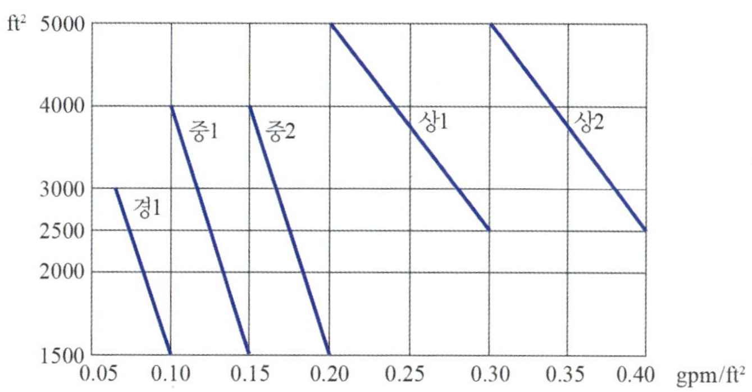

그림 13.2 NFPA 면적-밀도 그래프

13-2 루프배관 해석

1. 트리형 배관	#트리형 배관 #Tree System #분기점 #마찰손실
2. 토너먼트형 배관	#토너먼트형 배관 #Tournament System #마찰손실
3. 루프형 배관	#루프형 배관 #Loop System #하젠-윌리엄식 #조도

1 트리형 배관 Tree System

- 각 헤드에 공급되는 유량이 일정하지 않은 배관방식
- Tee에 의한 분기점은 가지배관 당 1개소로 마찰손실이 토너먼트방식보다 줄어들게 된다.
- 헤드의 방사압력 및 방사량은 각 지점에서 균일하지 않다.
- 배관 주위에 각종 살수장애용 시설물이 있어도 적절한 배관설계가 가능하다.
- 시공이 용이하며 편리하다.

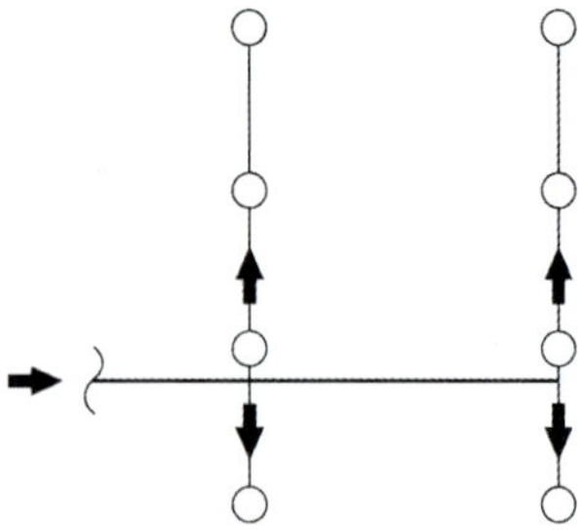

그림 13.3 트리형

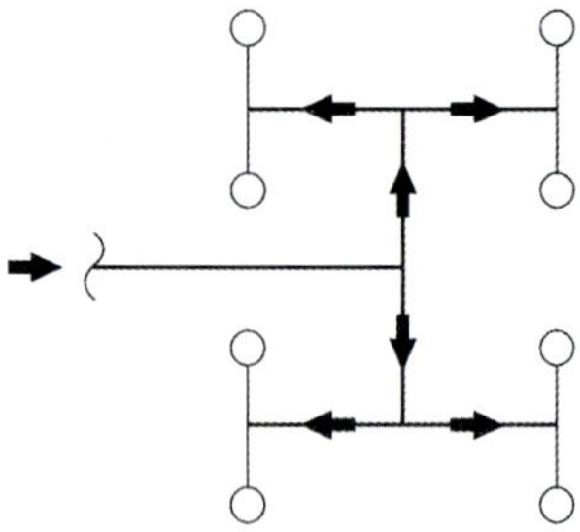

그림 13.4 토너먼트형

2 토너먼트형 배관 Tournament System

- 각 헤드에 공급되는 유량이 일정 배관방식
- Tee에 의한 분기점 수량의 과다로 마찰손실이 증가 말단의 헤드 방사압력이 저하
- 배관주위에 각종 살수장애용 시설물이 있을 경우 균등한 배관설계가 어렵다.
- 시공 시 많은 Tee를 사용하여야 하므로 시공이 불편하다.
- 헤드의 방사압력 및 방사량은 각 지점에서 균등(균일)하다.

구분	트리형	토너먼트형
분기 Tee	가지배관당 1개소	수량이 과다
마찰손실	작다	크다(이로 인해 말단의 헤드방사압력이 저하)
방사압	불균일	균일
장애물 대응	적절한 배관설계 가능	균등한 배관설계 곤란
시공성	용이	불편(많은 Tee 사용으로 인함)
적용설비	수계 및 포소화설비 (마찰손실 최소화를 위함)	가스계 및 분말소화설비 (균등한 약제방사 및 빠른확산을 위함)

3 루프형 배관 Loop System

1) 개념

- Loop배관의 해석은 간단한 경우가 아니라면 전산을 통해서 계산하여야 한다.
- 도표, 유도식을 이용할 수 있으며 근사법으로 정리된 Hardy-Cross 방법이 있다.

2) 병렬배관의 유량산출

(1) 도표를 이용한 방법

(문제)

- 다음과 같은 Loop 배관 ①, ②, ③을 흐르는 유량을 계산하라 (단, A-B 마찰손실수두는 10 m).

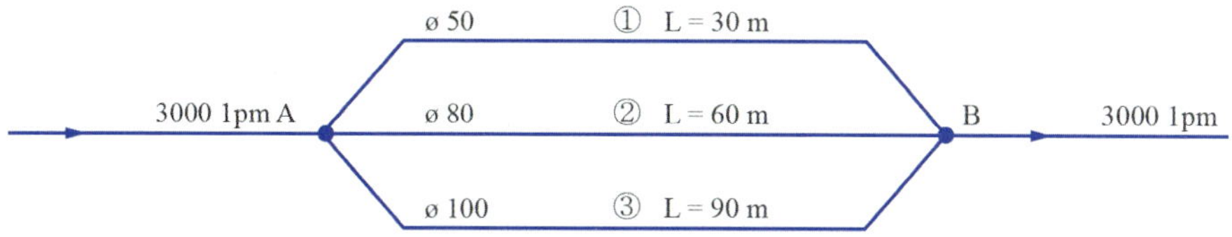

그림 13.5 Loop 배관

(풀이)

- 단위길이당 마찰손실 계산
- 50 mm 배관 : 10 mmAq/30m = 0.333 mAq/m = 333 mmAq/m

- 80 mm 배관 : 10 mmAq/60 m = 0.167 mAq/m = 167 mmAq/m
- 100 mm 배관 : 10 mmAq/90 m = 0.111 mAq/m = 111 mmAq/m
- 배관 - 마찰저항 선도에서 유량을 확인

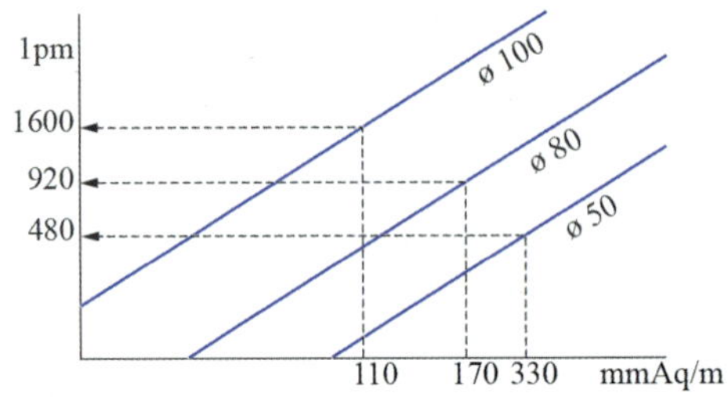

(2) 유도식을 이용한 방법

(문제)

- 하젠 - 윌리엄 식을 이용하여 다음 각 분기관의 유량을 산출하라
- (단, 배관은 백관이고 엘보의 등가길이는 2 m, AB 접속부 마찰손실 무시)

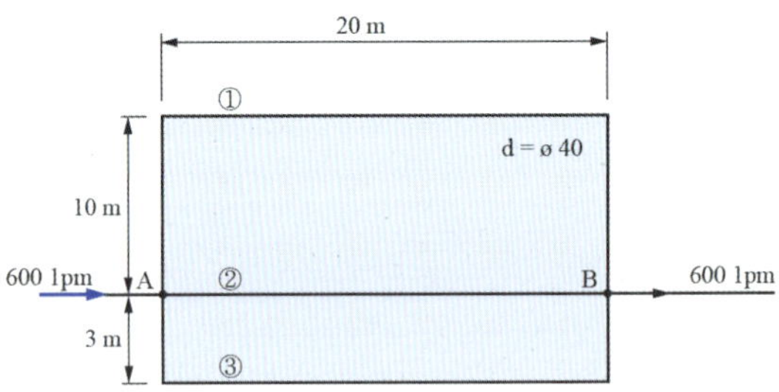

그림 13.6 Loop 배관

(풀이)

$$\Delta P_m = 6.055 \times 10^4 \times \frac{Q^{1.85}}{C^{1.85} \times D^{4.87}} \times L$$

ΔP_m	: 마찰손실압력	[MPa]
Q	: 유량	[LPM]
C	: 관의 조도	[-]
D	: 관경	[mm]
L	: 관의 길이	[m]

- 위 식에서 상수, 조도 C값, 관경 D는 같다.

- $Q_1 + Q_2 + Q_3 = 600 \text{ L/min}$, $\varDelta P_1 = \varDelta P_2 = \varDelta P_3$ 이므로
- $L_1 Q_1^{1.85} = L_2 Q_2^{1.85} \quad \Rightarrow \quad 44 Q_1^{1.85} = 20 Q_2^{1.85}$

$$\left(\frac{Q_1}{Q_2}\right)^{1.85} = \left(\frac{20}{44}\right) = 0.45 \ \Rightarrow \ Q_1 = 0.65\, Q_2$$

같은 방법으로 $Q_3 = 0.8\, Q_2$

$\Rightarrow \ 0.45 Q_2 + Q_2 + 0.8 Q_2 = 600$

$\Rightarrow \ Q_2 = 244.9 \text{ L/min}$

13-3 배관의 성능설계

1. 배관의 성능설계 #수계배관 #규약배관방식 #수리계산방식 #화재가혹도
2. 수리계산 절차 #주수계획 #위험용도 #살수밀도 #설계면적 #배관계획 #마찰손실 #
3. 수리계산의 필요 #규약배관방식 #수리계산방식 #배관의 성능설계

1 배관의 성능설계

- 수계배관은 각 구간에 의도된 압력과 유량의 안정된 분배가 필요하다.
- 사전에 규정된 Table에 따르는 규약배관방식은 대입이 신속하고 용이한 반면 압력과 유량의 분배가 불안정하여 비효율적, 비경제적이다.
- 실제의 화재가혹도를 예측하고 살수밀도를 정량적으로 구성하는 수리계산을 통한 성능설계가 필요하다.

Pipe schedule method(규약배관방식)	
주수계획	표준화재
배관계획	Table

Hydraulic calculation(수리계산방식)	
주수계획	화재가혹도
배관계획	수리계산

2 수리계산 절차

1) 주수계획

위험용도 분류	• 화재가혹도에 의해 결정 • 급, 중급Ⅰ·Ⅱ, 상급Ⅰ·Ⅱ로 구분
SP작동면적 및 살수밀도 결정	• 면적/밀도 그래프에서 결정 • 설계면적 : 화재시 헤드작동에 의한 방호면적 • 살수밀도 : 설계면적에 방사하는 최소 방사량 [lpm/m²] 건식과 더블인터록 준비작동식 : 시간지연으로 설계면적 30% 할증
설계면적 형태(길이) 결정	• 가지관 방향의 길이[L] = $1.2\sqrt{A}$ (A:설계면적)

설계면적 내 헤드 수 결정	• 총 헤드수[N_T] = $\frac{\text{설계면적}}{\text{헤드1개 방호면적}}$ (소수점 이하 절상) • 길이방향 헤드수[N_S] = $1.2\sqrt{A}/S$ (S : 헤드 간거리)
설계면적 내 헤드배열	• 실제길이 = 길이방향 헤드수[N_S] × 헤드 간 거리[S] • 설계면적 폭[W] = 설계면적[A] / 길이[L]

2) 배관계획

첫 번째 헤드 유량 계산	• 유량[q_1] = 헤드1개 방호면적 × 살수밀도
첫 번째 헤드 압력 계산	• $P_{min} = \left(\frac{Q}{k}\right)^2$
첫 번째 헤드와 다음 헤드간 마찰손실 계산	• $\Delta P(\text{kg}_f/\text{cm}^2) = 6.174 \times 10^5 \times \frac{Q^{1.85}}{C^{1.85} \times D^{4.87}}$ • C결정 : 표준배관의 경우 C = 120, SCH40 기준
두 번째 헤드 유량 계산	• 유량[q_2] = $k\sqrt{P} = k\sqrt{P_1 + \Delta P}$
첫 번째 가지관의 모든 헤드 상부 티까지 마찰손실 계산	• 교차배관을 중심으로 헤드 수가 다른 경우 압력이 다르므로 유량 보정
유량 보정($Q \propto \sqrt{P}$)	• $Q_2 = Q_1\sqrt{\frac{P_2}{P_1}}$ 여기서, P_1 : 낮은 압 , P_2 : 높은 압
첫 번째 가지관 전체 k값 계산	• 가지관의 유량과 압력으로 k값 결정
두 번째 가지관 유량과 마찰손실 계산	• 첫 번째와 두 번째 가지관 사이 교차배관 마찰손실 계산 • 두 번째 가지관에서의 유량 계산
급수공급원까지 마찰손실 계산	• 모든 가지관에 대하여 마찰손실과 유량 반복계산 • 설계면적 내 유량을 구한 후 공급원까지 마찰손실 계산 • 높이에 대한 보정

3) 규약배관방식과의 비교

구분		Pipe schedule method (규약배관방식)	Hydraulic calculation (수리계산방식)
주수계획	방호대상물 화재위험도	용도별, 규모별 (무대부, 특수가연물, 랙크식 창고 등 분류)	화재 가혹도 결정 (경급/ 중급Ⅰ,Ⅱ/ 상급Ⅰ,Ⅱ구분)
	SP작동면적	기준 개수가 설계면적(10, 20, 30개)	면적/밀도 그래프 결정
	살수밀도	수평거리가 살수밀도	면적/밀도 그래프 결정

주수계획	설계면적 형태	노즐 방사압, 유량 일정하다 가정 → 설계면적 형태 무관	노즐방사압, 유량, 일정하지 않다. → 설계면적 크기, 형태 결정 필요 $L = 1.2 \times \sqrt{\text{설계면적}}$
	설계면적 내 헤드 수	용도별 수평거리 (가로열, 세로열, 헤드수 결정)	헤드 수 = $\dfrac{\text{설계면적}}{\text{헤드1개당 방호면적}}$
배관계획	유량, 압력 계산	말단유량 : 80 lpm 방수압 : 1 kgf/cm^2	말단유량 : 80 lpm 방수압 : 0.5 kgf/cm^2
	배관 마찰 손실 계산	Hazen-Wiliams식 활용 Ashrae Hand book의 시산표	Hazen-Wiliams식 활용

3 수리계산의 필요

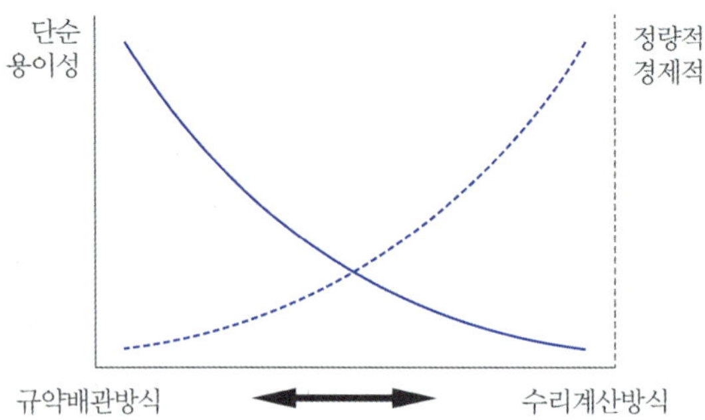

그림 13.7 규약배관방식과 수리계산방식의 비교

- 과학적, 합리적인 방법으로의 설계가 국제적 추세이며 당연론적 접근의 결과이다.
- 적용의 용이성 때문에 국내에서는 이제까지 그리고 지금도 대다수의 건축물에서 규약배관방식을 적용하고 있는 실정이다.
- 규약배관방식보다 수리계산방식으로의 설계가 오히려 경제성을 확보하는 결과를 가져오므로 수리계산을 통한 배관의 성능설계를 적극적으로 도입하여야 한다.

연습문제

01 다음 중 살수밀도에 대한 설명으로 잘못된 것은?

① 소화확률이 높도록 살수밀도를 크게 할수록 좋다.
② 화염을 침투하여 도달한 물의 분포밀도를 실제살수밀도(ADD)라 한다.
③ 화재진압에 필요한 살수밀도를 필요살수밀도(RDD)라 한다.
④ ADD > RDD 조건에서 화재진압이 가능하다.

정답 ①
풀이 살수밀도가 너무 높을 경우 수손피해를 일으키며 이른 수원고갈을 초래한다.

02 다음의 배관방식 중에서 각 헤드에 공급되는 유량이 일정한 배관방식은 ?

① 토너먼트형 배관
② 트리형 배관
③ 루프형 배관
④ 그리드형 배관

정답 ①
풀이 토너먼트형 배관은 헤드의 방사압력 및 방사량이 균일하다.

03 다음 중 수리계산에서 주수계획의 절차에 해당하지 않는 것은?

① 위험용도의 구분
② 설계면적의 형태 결정
③ 급수공급원까지의 마찰손실 계산
④ 설계면적 내 헤드배열

정답 ③
풀이 마찰손실을 계산하는 절차는 배관계획에 해당한다.

학습정리

1. 살수밀도

- 화재진압에 필요한 살수밀도가 필요살수밀도(RDD)이다.
- 실제로 화염을 침투하여 도달한 살수밀도가 실제살수밀도(ADD)이다.
- 화재진압을 위해서는 필요살수밀도 이상의 실제살수밀도가 필요하다.

2. 루프배관 해석

- 트리형 배관은 적용이 용이하나 각 헤드에 유량공급이 일정하지 않다.
- 토너먼트형 배관은 적용이 난해하나 각 헤드에 유량공급이 일정하다.
- 루프형배관은 도표 및 유도식을 이용하여 해석할 수 있다.

3. 수리계산 절차

주수계획	배관계획
• 위험용도분류 • 작동면적 및 살수밀도 결정 • 설계면적의 형태(길이) 결정 • 설계면적 내 헤드수 결정 • 설계면적 내 헤드 배열	• 첫 번째 헤드 유량 계산 • 첫 번째 헤드 압력 계산 • 두 번째 헤드까지의 마찰손실 계산 • 두 번째 헤드 유량 계산 • 첫 번째 가지관 마찰손실 계산 • 유량 보정 • 첫 번째 가지관 전체 k값 계산 • 두 번째 가지관 계산 • 급수공급원까지 마찰손실 계산

4. 수리계산의 필요

- 규약배관방식은 단순, 용이성은 높으나 정량적 특성 및 경제성이 낮다.
- 수리계산을 통한 배관의 성능설계를 적극적으로 도입하여야 한다.

부록

소방설비기사(기계분야) 기출풀이 100문제

2021.9 시행 소방유체역학

01 지름이 5 cm인 원형 관내에 이상기체가 층류로 흐른다. 다음 중 이 기체의 속도가 될 수 있는 것을 모두 고르면? (단, 이 기체의 절대압력은 200 kPa, 온도는 27℃, 기체상수는 2080 J/kg·K, 점성계수는 2×10^{-5} N·s/m², 하임계 레이놀즈 수는 2200으로 한다.)

ㄱ. 0.3 m/s	ㄴ. 1.5 m/s	ㄷ. 8.3 m/s	ㄹ. 15.5 m/s

① ㄱ
② ㄱ, ㄴ
③ ㄱ, ㄴ ,ㄷ
④ ㄱ, ㄴ, ㄷ, ㄹ

조건정리

▽ 직경 D : 120 m
▽ 절대압력 P : 6 m³/s
▽ 온도 T : 9530 kW
▽ 기체상수 R : 88%
▽ 점성계수 μ : 89%
▽ 하임계 Re Re : 2200
▼ 층류속도 v : ? m/s

밀도

$$\rho = \frac{P}{RT}$$
$$= \frac{(200\times10^3)\ [\text{N/m}^2]}{2{,}080\ [\text{N}\cdot\text{m/kg}\cdot\text{K}]\times(27+273)\ [\text{K}]}$$
$$= 0.3205\ \text{kg/m}^3$$

레이놀즈 수

a) $Re = \dfrac{\rho v D}{\mu}$에서,

Re가 2,200을 초과하지 않는 v값을 최대값으로 하면 된다.

b) $v = \dfrac{\mu Re}{\rho D}$

$$= \frac{2\times10^{-5}\ [\text{N}\cdot\text{s/m}^2]\times2{,}200}{0.3205\ [\text{kg/m}^3]\times(5\times10^{-2})\ [\text{m}]}$$
$$= 2.7457\left[\frac{\text{N}\cdot\text{s}\cdot\text{m}^3}{\text{m}^2\cdot\text{kg}\cdot\text{m}} \Rightarrow \frac{\text{N}\cdot\text{s}}{\text{kg}} \Rightarrow \frac{\text{kg}\cdot\text{m}\cdot\text{s}}{\text{kg}\cdot\text{s}^2} \Rightarrow \frac{\text{m}}{\text{s}}\right]$$
$$\simeq 2.75\ \text{m/s}$$

02 표면장력에 관련된 설명 중 옳은 것은?

① 표면장력의 차원은 힘/면적이다.

② 액체와 공기의 경계면에서 액체분자의 응집력보다 공기분자와 액체분자 사이의 부착력이 클 때 발생된다.

③ 대기 중의 물방울은 크기가 작을수록 내부압력이 크다.

④ 모세관현상에 의한 수면 상승 높이는 모세관의 직경에 비례한다.

표면장력

$\sigma = \frac{Pd}{4}$ [N/m]

보기 ①에서, 표면장력의 차원은 힘/길이 이다.

모세관현상

$$h = \frac{4 \cdot \sigma \cdot \cos\beta}{\gamma \cdot d}$$

여기서, σ : 표면장력 [N/m]
β : 접촉각 [°]
γ : 비중량 [N/m^3]
d : 모세관 직경 [m]

보기 ②는 모세관현상에 관한 설명이나 '공기'를 '액주의 관벽'으로 바꾸어야 한다.
보기 ④는 모세관현상에 관한 설명이나 '비례'를 '반비례'로 바꾸어야 한다.

03 유체의 점성에 대한 설명으로 틀린 것은?

① 질소 기체의 동점성계수는 온도 증가에 따라 감소한다.

② 물(액체)의 정섬계수는 온도 증가에 따라 감소한다.

③ 점성은 유동에 대한 유체의 저항을 나타낸다.

④ 뉴턴유체에 작용하는 전단응력은 속도기울기에 비례한다.

점성

액체는 온도가 높아질수록, 기체는 온도가 낮아질수록 점성이 감소한다.

전단응력 $\tau = \mu \frac{dv}{dy}$

τ는 속도기울기 $\frac{dv}{dy}$에 비례한다.

04 회전속도 1000 rpm 일 때 송출량 Q m³/min, 전양정 H m인 원심펌프가 상사한 조건에서 송출량이 1.1Q m³/min가 되도록 회전속도를 증가시킬 때, 전양정은 어떻게 되는가?

① 0.91 H ② H ③ 1.1 H ④ 1.21 H

조건정리

▽ 조정 전 회전속도 N_1 : 1,000 rpm

▽ 조정 후 유량 Q_2 : 1.1 Q_1 m³/min

▼ 조정 후 전양정 H_2 : ? m

상사법칙

a) 유량 : $\frac{Q_2}{Q_1}=\left(\frac{N_2}{N_1}\right)\left(\frac{D_2}{D_1}\right)^3$,

양정 : $\frac{H_2}{H_1}=\left(\frac{N_2}{N_1}\right)^2\left(\frac{D_2}{D_1}\right)^2$,

동력 : $\frac{P_2}{P_1}=\left(\frac{N_2}{N_1}\right)^3\left(\frac{D_2}{D_1}\right)^5$ 에서, 조건에 없는 D는 무시한다.

b) $\frac{Q_2}{Q_1}=1.1=\left(\frac{N_2}{N_1}\right)$

$N_2 = 1.1\times N_1 = 1.1\times 1{,}000 = 1{,}100$ rpm

c) $\therefore H_2 = H_1\times\left(\frac{D_2}{D_1}\right)^2 = 1.1^2 H_1 = 1.21 H_1$

05 그림과 같이 노즐이 달린 수평관에서 계기압력이 0.49 MPa 이었다. 이 관의 안지름이 6 cm이고 관의 끝에 달린 노즐의 지름이 2 cm 이라면 노즐의 분출속도는 몇 m/s인가? (단, 노즐에서의 손실은 무시하고, 관마찰계수는 0.025이다.)

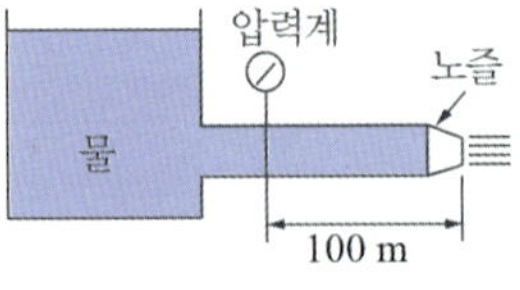

① 16.8 ② 20.4 ③ 25.5 ④ 28.4

연속방정식

a) $Q = A_1 v_1 = A_2 v_2$ 에서

$v_2 = \frac{A_1}{A_2}v_1 = \left(\frac{d_1}{d_2}\right)^2 v_1 = \left(\frac{6}{2}\right)^2 v_1 = 9v_1$

배관의 마찰손실

b) $\Delta H = \frac{f \cdot l}{D}\frac{v_1^2}{2g} = \frac{0.025\times 100\times v_1^2}{0.06\times 2\times 9.8} = 2.1258\ v_1^2$

수정 베르누이 정리

c) $\frac{P_1}{\gamma}+\frac{v_1^2}{2g}+Z_1 = \frac{P_2}{\gamma}+\frac{v_2^2}{2g}+Z_2+\Delta H$에서 $Z_1 = Z_2, P_2 = 0$ 이므로

$\frac{P_1}{\gamma}+\frac{v_1^2}{2g} = \frac{v_2^2}{2g}+\Delta H$에서 v_2, ΔH를 v_1으로 치환하면,

$$\frac{P_1}{\gamma}+\frac{v_1^2}{2g} = \frac{9^2 v_1^2}{2g}+2.12{v_1}^2$$

$$\frac{0.49\times 10^6}{9800} = \frac{80{v_1}^2}{2g}+2.12{v_1}^2 = \left(\frac{80}{2\times 9.8}+2.12\right)v_1^2$$

$$v_1^2 = \frac{0.49\times 10^6}{9800\times\left(\frac{80}{2\times 9.8}+2.12\right)} = 8.0624$$

$$v_1 = \sqrt{8.0624} \simeq 2.84$$

$$v_2 = 2.84\times 9 = 25.56\ \mathrm{m/s}$$

06 원심펌프가 전양정 120 m에 대해 6 m^3/s의 물을 공급할 때 필요한 축동력이 9530 kW 이었다. 이때 펌프의 체적효율과 기계효율이 각각 88%, 89%라고 하면, 이 펌프의 수력효율은 약 몇 % 인가?

① 74.1 ② 84.2 ③ 88.5 ④ 94.5

조건정리

▽ 전양정 H : 120 m
▽ 유량 Q : 6 m^3/s
▽ 축동력 $P_{축}$: 9530 kW
▽ 체적효율 $\eta_{체}$: 88%
▽ 기계효율 $\eta_{기}$: 89%
▼ 수력효율 $\eta_{수}$: ?%

펌프의 축동력

$$P_{축} = \frac{P_{수}}{\eta_T} = \frac{\gamma HQ}{1000\times(\eta_{수}\times\eta_{축}\times\eta_{기})}$$ 에서,

$$\eta_{수} = \frac{\gamma HQ}{P_{축}\times 1000\times(\eta_{축}\times\eta_{기})} = \frac{9800\times 120\times 6}{9530\times 1000\times 0.88\times 0.89} = 0.9453$$

07 안지름 4 cm, 바깥지름 6 cm인 동심 이중관의 수력직경(hydraulic diameter)은 몇 cm 인가?

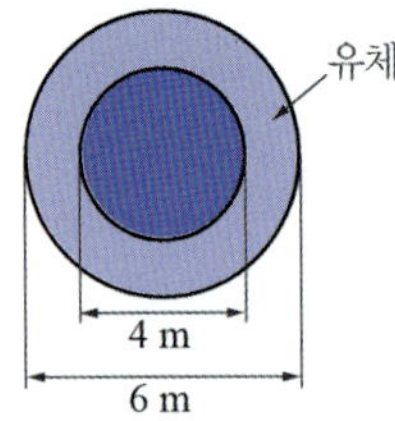

① 2 ② 3

③ 4 ④ 5

수력직경

$$D_h = \frac{4A}{P} = \frac{4\times 단면적}{접수길이} = 4\times\left(\frac{\pi(D_2^2 - D_1^2)}{4}\right)\times\frac{1}{\pi(D_1 + D_2)}$$

$$= 4\times\frac{\pi(6^2-4^2)}{4}\times\frac{1}{\pi(4+6)} = 2$$

08 열역학 관련 설명 중 틀린 것은?

① 삼중점에서는 물체의 고상, 액상, 기상이 공존한다.

② 압력이 증가하면 물의 끓는점도 높아진다.

③ 열을 완전히 일로 변환할 수 있는 효율이 100%인 열기관은 만들 수 없다.

④ 기체의 정적비열은 정압비열보다 크다.

물의 상태도

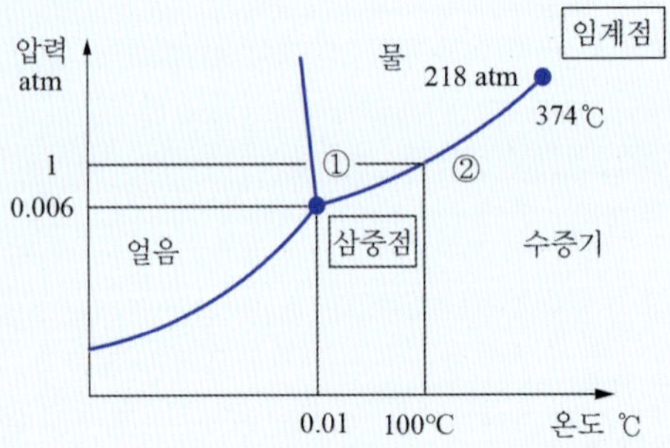

- 물질은 고체, 액체, 기체로 존재한다.
- 삼중점은 물질의 고체, 액체, 기체 상태가 함께 존재한다. (보기 ①)
  물이 수증기가 되는 과정에서 압력이 높아질수록 끓는온도도 높아야 한다. (보기 ②)
- (대기압이 낮은 높은 산에서는 낮은 온도에서 물이 끓는 원리이다.)

열역학 법칙

- 열의 역학적 과정에서 열과 일에 관한 법칙이다.

• 열역학 법칙들은 다양한 조건에서 에너지의 이동과 에너지의 변형을 설명한다.
• 열효율이 1 이상이 되는 영구기관이 불가능함을 의미한다. (보기 ③, 특히 제2법칙)

비열비

• 비열 : 온도 1℃를 상승시키는데 소요되는 열량
• 정압비열 C_P : 압력이 일정한 상태에서의 비열
• 정적비열 C_V : 체적이 일정한 상태에서의 비열
• 비열비는 정적비열에 대한 정압비열에 대한 비, $k = \frac{C_P}{C_V}$

$$\frac{T_2}{T_1} = \left(\frac{V_1}{V_2}\right)^{k-1}$$

여기서, T : 절대온도 [K]
V : 체적 [m^3]

• 기체상수 $R = C_P - C_V$
비열비는 항상 1보다 크다. 즉 $C_P > C_V$ (보기 ④)

09 다음 중 차원이 서로 같은 것을 모두 고르면? (단, P : 압력, ρ : 밀도, V : 속도, h : 높이, F : 힘, m : 질량, g : 중력가속도)

ㄱ. ρV^2	ㄴ. ρgh	ㄷ. P	ㄹ. F/m

① ㄱ, ㄴ ② ㄱ, ㄷ ③ ㄱ, ㄴ, ㄷ ④ ㄱ, ㄴ, ㄷ, ㄹ

단위와 차원

ㄱ. $\rho V^2 \rightarrow \frac{kg}{m^3} \times \left(\frac{m}{s}\right)^2 \rightarrow \frac{kg}{m \cdot s^2}$

ㄴ. $\rho gh \rightarrow \frac{kg}{m^3} \times \frac{m}{s^2} \times \frac{m}{1} \rightarrow \frac{kg}{m \cdot s^2}$

ㄷ. $P \rightarrow \frac{N}{m^2} \rightarrow \frac{kg \cdot m}{s^2} \times \frac{1}{m^2} \rightarrow \frac{kg}{s^2 \cdot m}$

ㄹ. $F/m \rightarrow \frac{N}{kg} \rightarrow \frac{kg \cdot m}{s^2} \times \frac{1}{kg} \rightarrow \frac{m}{s^2}$

• SI단위를 정확히 이해한다면 쉬운 문제이다.

10 밀도가 10 kg/m^3 인 유체가 지름 30 cm인 관내를 1 m^3/s 로 흐른다. 이때의 평균유속은 몇 m/s 인가?

① 4.25 ② 14.1 ③ 15.7 ④ 84.9

조건정리

▽ 밀도 ρ : 10 kg/m^3
▽ 지름 D : 0.3 m
▽ 유량 Q : 1 m^3/s
▼ 평균유속 V : ? m/s

연속방정식

$Q = AV = \frac{\pi D^2 V}{4}$ 이므로

$V = \frac{4Q}{\pi D^2} = \frac{4 \times 1}{\pi \times 0.3^2} = 14.1471$ m/s

11 초기 상태에서 압력 100 kPa, 온도 15℃인 공기가 있다. 공기의 부피가 초기 부피의 1/20이 될 때까지 가역단열 압축할 때 압축 후의 온도는 약 몇 ℃인가? (단, 공기의 비열비는 1.4이다.)

① 54 ② 348 ③ 682 ④ 912

조건정리

▽ 초기 압력 P_1 : 100 kPa
▽ 초기 온도 T_1 : 15℃
▽ 초기 부피 V_1 : 20 m^3
- 가역단열압축 -
▽ 압축 부피 V_2 : 1 m^3
▽ 비열비 k : 1.4
▼ 압축 온도 T_2 : ?℃

비열비

$\frac{T_2}{T_1} = \left(\frac{V_1}{V_2}\right)^{k-1}$ 이므로,

$T_2 = T_1\left(\frac{V_1}{V_2}\right)^{k-1} = (15+273) \times \left(\frac{20}{1}\right)^{1.4-1} = 954.5627$ K

$\therefore$ 954.56 − 273 = 681.56℃

12 부피가 240 m^3인 방 안에 들어 있는 공기의 질량은 약 몇 kg 인가? (단, 압력은 100 kPa, 온도는 300 K 이며, 공기의 기체상수는 0.287 kJ/kg · K 이다.)

① 0.279　　② 2.79　　③ 27.9　　④ 279

조건정리

- ▽ 부피　V : 240 m^3
- ▽ 압력　P : 100 kPa
- ▽ 온도　T : 300 K
- ▽ 기체상수　R : 0.287 kJ/kg·K
- ▼ 질량　w : ? kg

이상기체 상태방정식

$PV = wRT$ 에서,

$$w = \frac{PV}{RT} = \frac{100 \times 240}{0.287 \times 300} = 278.7456\ \text{kg}$$

• 단위식으로 검산해 보자.

$$\frac{PV}{RT} = \frac{\text{kPa}\cdot\text{m}^3}{\frac{\text{kJ}}{\text{kg}\cdot\text{K}}\cdot\text{K}} = \frac{\frac{\text{kN}}{\text{m}^2}\times\text{m}^3}{\frac{\text{kN}\cdot\text{m}}{\text{kg}\cdot\text{K}}\cdot\text{K}} = \frac{\text{kN}\cdot\text{kg}}{\text{kN}} = \text{kg}$$

13 그림의 액주계에서 밀도 $\rho_1 = 1000\ kg/m^3$, $\rho_2 = 13600\ kg/m^3$, 높이 $h_1 = 500$ mm, $h_2 = 800$ mm 일 때 중심 A의 계기압력은 몇 kPa 인가?

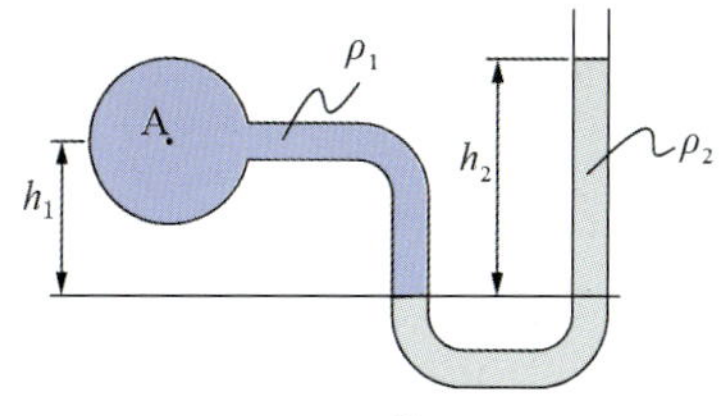

① 101.7　　② 109.6　　③ 126.4　　④ 131.7

조건정리

- ▽ 밀도1　ρ_1 : 1000 kg/m^3
- ▽ 밀도2　ρ_2 : 13600 kg/m^3
- ▽ 높이1　h_1 : 0.5 m
- ▽ 높이2　h_2 : 0.8 m
- ▼ A 계기압　$P_{A(계기압)}$: ? kPa

액주계 압력

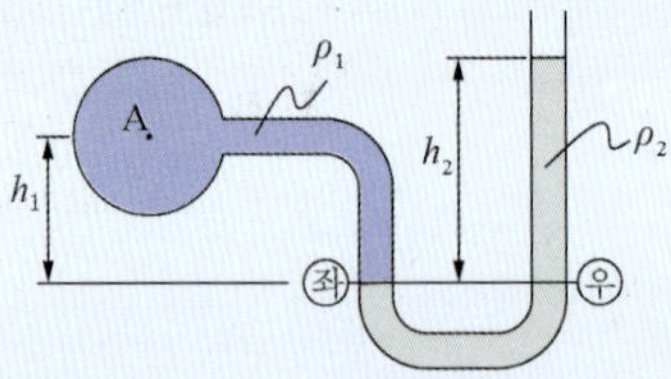

- 높이 h_1, h_2의 아래를 기준선으로 하여 절대압으로 구한다면,
  $P_{좌} = P_{우}$ 이고 $P = \gamma h = \rho gh$ 이므로
  $P_{A(절대압)} + \rho_1 gh_1 = 대기압 P_a + \rho_2 gh_2$
  $P_{A(절대압)} = P_a + g(\rho_2 h_2 - \rho_1 h_1)$
  $= 101325 + 9.8(13600 \times 0.8 - 1000 \times 0.5) = 203049\,\text{Pa} = 203.049\,\text{Pa}$

- 계기압을 물었으므로 대기압을 무시하고 구하여야 한다.
  $P_{A(계기압)} + \rho_1 gh_1 = \rho_2 gh_2$
  $P_{A(계기압)} = g(\rho_2 h_2 - \rho_1 h_1)$
  $= 9.8(13600 \times 0.8 - 1000 \times 0.5) = 101724\,Pa = 101.72\,\text{Pa}$

14 그림과 같이 수조의 두 노즐에서 물이 분출하여 한 점(A)에서 만나려고 하면 어떤 관계가 성립되어야 하는가? (단, 공기저항과 노즐의 손실은 무시한다.)

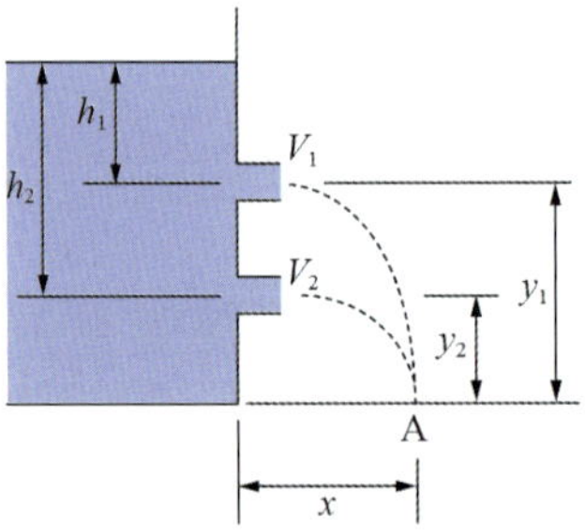

① $h_1 y_1 = h_2 y_2$　② $h_1 y_2 = h_2 y_1$　③ $h_1 h_2 = y_1 y_2$　④ $h_1 y_1 = 2h_2 y_2$

수조에서의 유출

- 노즐에서의 유속
  $v = \sqrt{2gh}$
- 같은 지점에 도달하기 위한 조건
  $h_1 y_1 = h_2 y_2$

15 길이 100 m, 직경 50 mm, 상대조도 0.01인 원형 수도관 내에 물이 흐르고 있다. 관내 평균유속이 3 m/s에서 6 m/s로 증가하면 압력손실은 몇 배로 되겠는가? (단, 유동은 마찰계수가 일정한 완전난류로 가정한다.)

① 1.41배 ② 2배 ③ 4배 ④ 8배

배관의 마찰손실

달시 - 웨이스바 식 $\Delta h_L = \frac{fLv^2}{2gD} = f\frac{v^2}{2g}\frac{L}{D}$ 에서,

f, L, D가 동일한 조건이고 유속 v만 2배 증가 하였다면,

마찰손실수두 $\Delta h_L \propto v^2$ 이므로,

$2^2 = 4$,

∴ 4배 증가한다.

16 한 변이 8 cm인 정육면체를 비중이 1.26인 글리세린에 담그니 절반의 부피가 잠겼다. 이때 정육면체를 수직방향으로 눌러 완전히 잠기게 하는데 필요한 힘은 약 몇 N인가?

① 2.56 ② 3.16 ③ 6.53 ④ 12.5

부력

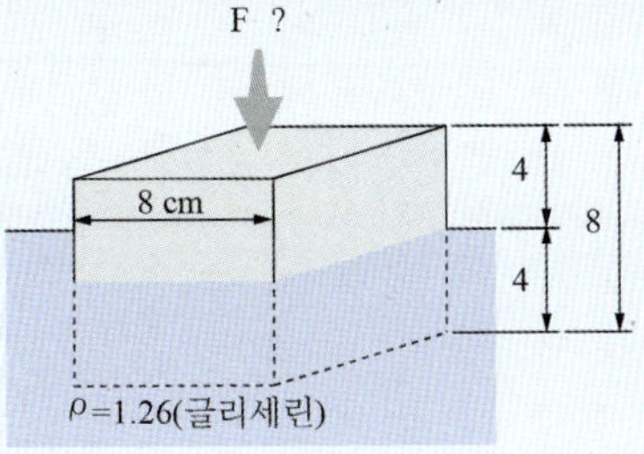

$F_{부력} = \gamma_{유체} \times V_{잠긴}$

$= 9800 \times 1.26 \times (0.8 \times 0.8 \times 0.4) = 3.1611$

17 그림과 같이 반지름 0.8 m이고 폭이 2 m인 곡면 AB가 수문으로 이용된다. 물에 의한 힘의 수평성분의 크기는 약 몇 kN인가? (단, 수문의 폭은 2 m 이다.)

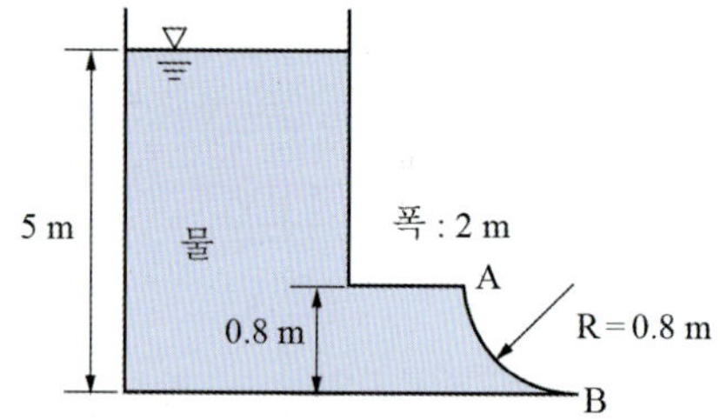

① 72.1 ② 84.7 ③ 90.2 ④ 95.4

유체에 잠긴면에 수평으로 작용하는 힘

$$P = \gamma H$$
$$F = PA = \gamma HA = \gamma V$$

P	:	미치는 압력	[N/m²]
F	:	미치는 힘	[N]
γ	:	유체의 비중량	[N/m³]
H	:	중심까지 잠긴 깊이	[m]
A	:	수직단면적	[m²]

• 계산하면,

$F = \gamma HA = 9800 \times (5 - 0.4) \times (0.8 \times 2) = 72128\ \text{N}$

18 펌프 운전 시 발생하는 캐비테이션의 발생을 예방하는 방법이 아닌 것은?

① 펌프의 회전수를 높여 흡입 비속도를 높게 한다.

② 펌프의 설치높이를 될 수 있는 대로 낮춘다.

③ 입형펌프를 사용하고, 회전차를 수중에 완전히 잠기게 한다.

④ 양흡입 펌프를 사용한다.

펌프의 이상현상 – 캐비테이션

• 캐비테이션이란? : 펌프의 흡입측에서 과도한 흡입양정, 동압 및 마찰손실압의 증가로 인하여 포화증기압 미만으로 압력이 낮아져 기포가 발생하는 현상

• 보기 ①처럼 회전수를 늘린다면 동압과 마찰손실이 증가하여 발생가능성을 높인다.

19 실내의 난방용 방열기(물 – 공기 열교환기)에는 대부분 방열 핀(fin)이 달려 있다. 그 주된 이유는?

① 열전달 면적 증가 ② 열전달계수 증가

③ 방사율 증가 ④ 열저항 증가

열전달

구분	계산식
전도 Conduction	$q = k.A.\dfrac{\Delta T}{l}$
대류 Convection	$q = h.A.\Delta T$
복사 Radiation	$q = \sigma A T^4$

- 방열기(라디에이터, radiator)는 이름에서 알 수 있듯이 복사를 통해 열전달을 한다.
- 또한 방열기 표면에서는 공기에 의한 대류 열전달이 동시에 발생한다.
- 열전달의 모든 경우에 면적 A가 클수록 전달되는 열량의 총량도 커진다.

20 그림에서 물 탱크차가 받는 추력은 약 몇 N 인가? (단, 노즐의 단면적은 0.03 m² 이며, 탱크 내의 계기압력은 40 kPa이다. 또한 노즐에서 마찰 손실은 무시한다.)

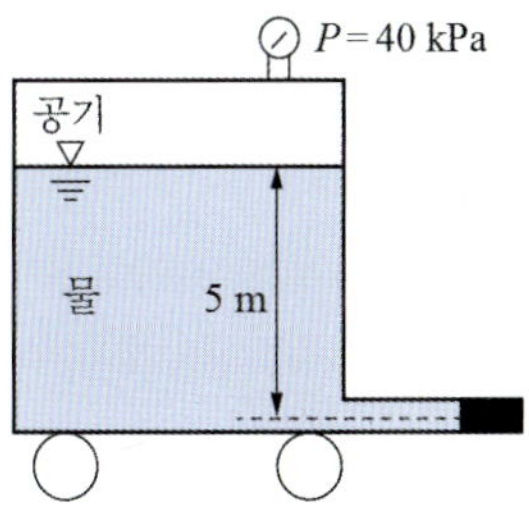

① 812 ② 1490 ③ 2710 ④ 5340

조건정리

▽ 노즐의 단면적 A : 0.03 m²
▽ 탱크 내 계기압 P_1 : 40 kPa
▽ 노즐의 수심 h : 5 m
▽ 손실 무시
▼ 추력 F : ? N

노즐에서의 유속

$v = \sqrt{2gh}$ 에서 수조 내부가 대기압이 아니므로,

$$v = \sqrt{2g(h_1 + h_P)}$$
$$= \sqrt{2 \times 9.8 \times (5\ \text{mAq} + 40\ \text{kPa} \times \frac{10.332\ \text{mAq}}{101.325\ \text{kPa}})}$$
$$= 13.3396\ \text{m/s}$$

운동량 방정식

$F = \frac{\gamma}{g} Q \Delta v$, 여기서 $\frac{\gamma}{g} = \rho$이고 초기속도 $v_1 = 0$이므로,

$F = \rho Q v = \rho A v^2$

$= 1000 \times 0.03 \times 13.3396^2 = 5338.35\,\mathrm{N}$

정답

01	02	03	04	05	06	07	08	09	10
②	③	①	④	③	④	①	④	③	②
11	**12**	**13**	**14**	**15**	**16**	**17**	**18**	**19**	**20**
③	④	①	①	③	②	①	①	①	④

2021.5 시행 소방유체역학

01 직경 20 cm의 소화용 호스에 물이 392 N/s 흐른다. 이 때의 평균유속[m/s]은?

① 2.96 ② 4.34 ③ 3.68 ④ 1.27

조건정리

▽ 노즐의 직경 D : 0.2 m
▽ 중량유량 $\dot{F}$: 40 kPa
▼ 유속 v : ? m/s

연속방정식

비중량이 9800 N/m^3인 물이 초당 392 N 흐르므로,

$$Q\frac{m^3}{s} = 392\frac{N}{s}\times\frac{1\ m^3}{9800\,N} = 0.04\ m^3/s$$

$Q = Av$에서,

$$v = \frac{Q}{A} = \frac{4\times0.04}{\pi\times0.2^2} = 1.2732\ m/s$$

02 수은이 채워진 U자관에 수은보다 비중이 작은 어떤 액체를 넣었다. 액체기둥의 높이가 10 cm, 수은과 액체의 자유 표면의 높이 차이가 6 cm일 때 이 액체의 비중은? (단, 수은의 비중은 13.6 이다.)

① 5.44 ② 8.16 ③ 9.63 ④ 10.88

조건정리

▽ 액체 높이 h_1 : 0.1 m
▽ 수은과 액체 높이차 Δh : 0.06 m
▽ 수은의 비중 S_2 : 13.6
▼ 액체의 비중 S_1 : ?

액주계

지점 ①, ②에서의 압력은 같고, 양쪽의 대기압은 상쇄되므로,

$\gamma_1 h_1 = \gamma_2 h_2$이므로

$$\gamma_1 = \frac{\gamma_2 h_2}{h_1} = \frac{9800\times13.6\times0.04}{0.1} = 53,312\ N/m^3,$$

$$S_1 = \frac{\gamma_1}{\gamma_{물}} = 53,312/9800 = 5.44$$

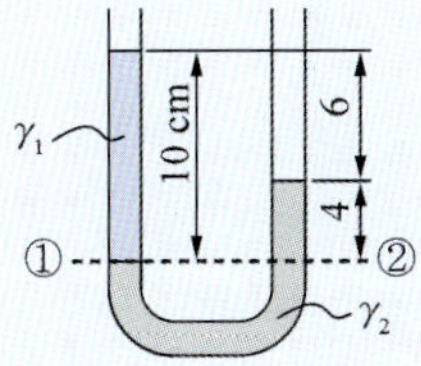

03 수압기에서 피스톤의 반지름이 각각 20 cm와 10 cm이다. 작은 피스톤에 19.6 N의 힘을 가하는 경우 평형을 이루기 위해 큰 피스톤에는 몇 N의 하중을 가하여야 하는가?

① 4.9　② 9.8　③ 68.4　④ 78.4

조건정리

▽ 작은 피스톤 반지름　r_1 : 0.1 m
▽ 큰 피스톤 반지름　r_2 : 0.2 m
▽ 작은 피스톤 힘　F_1 : 19.6 N
▼ 큰 피스톤 힘　F_2 : ? N

파스칼의 법칙

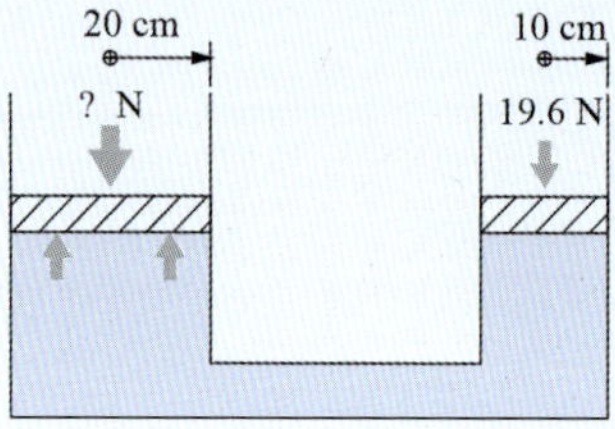

• 평형상태인 두 점에서의 압력은 같으므로,

$P_1 = P_2$, $\frac{F_1}{A_1} = \frac{F_2}{A_2}$, $A_1F_2 = A_2F_1$ 이므로

$$F_2 = \frac{A_2}{A_1}F_1 = \left(\frac{r_2}{r_1}\right)^2 F_1 = \left(\frac{0.2}{0.1}\right)^2 \times 19.6 = 78.4\ \mathrm{N}$$

04 그림과 같이 중앙부분에 구멍이 뚫린 원판에 지름 D의 원형 물제트가 대기압 상태에서 V의 속도로 충돌하여 원판 뒤로 지름 D/2의 원형 물제트가 V의 속도로 흘러나가고 있을 때, 이 원판이 받는 힘을 구하는 계산식으로 옳은 것은? (단, ρ는 물의 밀도이다.)

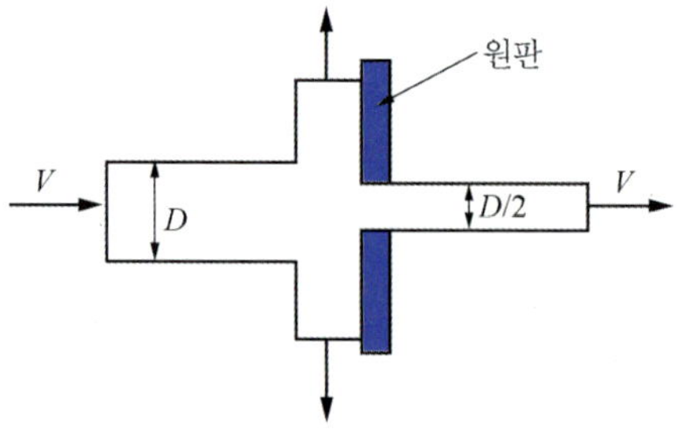

① $\frac{3}{16}\rho\pi V^2D^2$　② $\frac{3}{8}\rho\pi V^2D^2$　③ $\frac{3}{4}\rho\pi V^2D^2$　④ $3\rho\pi V^2D^2$

운동량 방정식

$F = \rho QV$ 이고,

$$Q = Q_1 - Q_2 = V(A_1 - A_2)$$
$$= \frac{\pi V}{4}(D_1^2 - D_2^2) = \frac{\pi V}{4}(D_1^2 - \frac{1}{4}D_1^2) = \frac{3}{16}\pi V D_1^2$$
$$\therefore F = \rho QV = \frac{3}{16}\rho\pi V^2 D^2$$

05 압력 0.1 MPa, 온도 250℃ 상태인 물의 엔탈피가 2974.33 kJ/kg이고 비체적은 2.40604 m^3/kg이다. 이 상태에서 물의 내부에너지[kJ/kg]는 얼마인가?

① 2733.7 ② 2974.1 ③ 3214.9 ④ 3582.7

열역학 1법칙

$$\Delta U = Q - W = Q - PdV$$

ΔU	:	내부 에너지 변화	[J]
Q	:	가해진 열에너지	[J]
W	:	배출한 일에너지	[J]
PdV	:	배출한 일에너지	[J]

$$U = Q - PV$$
$$= 2974.33 - 0.1 \times \frac{1000\ \text{kPA}}{1\ \text{MPa}} \times 2.40604 = 2733.726\ \text{kJ/kg}$$

06 300 K의 저온 열원을 가지고 카르노 사이클로 작동하는 열기관의 효율이 70%가 되기 위해서 필요한 고온 열원의 온도[K]는?

① 800 ② 900 ③ 1000 ④ 1100

카르노 사이클

$$\eta_C = 1 - \frac{Q_L}{Q_H} = 1 - \frac{T_L}{T_H}$$

η_C	:	카르노사이클 효율	[-]
Q	:	열에너지	[J]
T	:	절대온도	[K]

$$T_H = \frac{T_L}{1 - \eta_C} = \frac{300}{1 - 0.7} = 1000\ K$$

07 물이 들어 있는 탱크에 수면으로부터 20 m 깊이에 지름 50 mm 의 오리피스가 있다. 이 오리피스에서 흘러나오는 유량[m³/min]은? (단, 탱크의 수면 높이는 일정하고 모든 손실은 무시한다.)

① 1.3 ② 2.3 ③ 3.3 ④ 4.3

토리첼리의 정리

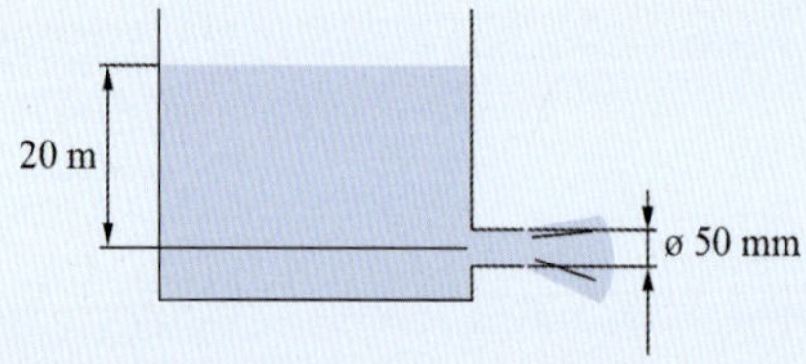

$V = C_C \cdot C_V \sqrt{2gh}$ 에서 손실을 무시하면,

$V = \sqrt{2gh}$

연속방정식

$$Q = AV = \frac{\pi \times 0.05^2}{4} \times \sqrt{2 \times 9.8 \times 20} = 0.038875\ \mathrm{m^3/s}$$

- 단위를 m³/min으로 바꾸면,

$$0.038875\ \mathrm{m^3/s} \times \frac{60\ \mathrm{s}}{1\ \mathrm{min}} = 2.3\ \mathrm{m^3/min}$$

08 다음 중 열전달 매질이 없이도 열이 전달되는 형태는?

① 전도 ② 자연대류 ③ 복사 ④ 강제대류

열전달

전도 Conduction	$q = k.A.\frac{\Delta T}{l}$
대류 Convection	$q = h.A.\Delta T$
복사 Radiation	$q = \sigma A T^4$

- 전도와 대류는 매질이 필요하다.
- 복사는 매질 없이 열을 전달한다.

09 양정 220 m, 유량 0.025 m³/s, 회전수 2900 rpm인 4단 원심 펌프의 비교회전도(비속도)[m³/min, m, rpm]는 얼마인가?

① 176　　② 167　　③ 45　　④ 23

비속도

$$Ns = \frac{N.\sqrt{Q}}{H^{\frac{3}{4}}}$$

Ns	:	비속도	$[\mathrm{RPM..(m^3/min)^{\frac{1}{2}}/m^{\frac{3}{4}}}]$
N	:	회전수	[RPM]
Q	:	유량	[CMM]
H	:	양정	[m]

- 비속도는 회전차의 상사성 또는 특성 및 형식을 결정하는데 사용된다.
- 비속도는 입력단위에 따라 단위가 달라지므로 제시된 단위대로 입력하여야 한다.
- $Ns = \frac{N.\sqrt{Q}}{H^{\frac{3}{4}}} = \frac{2900 \times \sqrt{0.025 \times \frac{60\,s}{1\,\mathrm{min}}}}{\left(\frac{220}{4}\right)^{\frac{3}{4}}} = 175.8618$

10 동력(power)의 차원을 MLT(질량 M, 길이 L, 시간 T)계로 바르게 나타낸 것은?

① MLT^{-1}　　② M^2LT^{-2}　　③ ML^2T^{-3}　　④ MLT^{-2}

차원과 단위

- 동력 $W = \mathrm{J/s = N \cdot m/s = kg \cdot m^2/s^3}$

$\therefore ML^2T^{-3}$

11 직사각형 단면의 덕트에서 가로와 세로가 각각 a 및 1.5a이고, 길이가 L이며, 이 안에서 공기가 V의 평균속도로 흐르고 있다. 이 때 손실수두를 구하는 식으로 옳은 것은? (단, f는 이 수력지름에 기초한 마찰계수이고, g는 중력가속도를 의미한다.)

① $f\frac{L}{a}\frac{V^2}{2.4g}$　　② $f\frac{L}{a}\frac{V^2}{2g}$　　③ $f\frac{L}{a}\frac{V^2}{1.4g}$　　④ $f\frac{L}{a}\frac{V^2}{g}$

수력직경

직경을 수력지름으로 구하면,

$$D_h = \frac{4A}{P} = \frac{4(a \times 1.5a)}{2(a + 1.5a)} = \frac{6a^2}{5a} = 1.2a$$

달시-웨이스바 식

$$\Delta h_L = \frac{fLv^2}{2gD} = \frac{fLv^2}{2g \times 1.2a} = \frac{fLv^2}{2.4ga}$$

12 무차원수 중 레이놀즈수(Reynolds number)의 물리적인 의미는?

① 관성력/중력 ② 관성력/탄성력 ③ 관성력/점성력 ④ 관성력/음속

무차원수

구분	계산식	비고
레이놀즈 Reynolds 수	$Re = \frac{\rho VD}{\mu} = \frac{관성력}{점성력}$	
너셀 Nusselt 수	$N = \frac{hl}{k} = \frac{대류열전달}{전도열전달}$	
프란틀 Prandtle 수	$\Pr = \frac{v}{\alpha} = \frac{운동량확산율}{열확산율}$	
마하 Mach 수	$Ma = \frac{V}{a} = \frac{관성력}{압축력}$	
프루드 Froude 수	$Fr = \frac{v}{\sqrt{l \cdot g}} = \frac{관성력}{중력}$	

13 동일한 노즐구경을 갖는 소방차에서 방수압력이 1.5배가 되면 방수량은 몇 배로 되는가?

① 1.22배 ② 1.41배 ③ 1.52배 ④ 2.25배

노즐의 방수량

$$Q = K\sqrt{10P}$$

Q : 방수량 [LPM]
K : 방출계수 [-]
P : 방수압 [MPa]

$Q \propto \sqrt{P}$ 이므로, $\sqrt{1.5} = 1.2247$

14 전양정 80 m, 토출량 500 L/min인 물을 사용하는 소화펌프가 있다. 펌프효율 65%, 전달계수[K] 1.1인 경우 필요한 전동기의 최소동력[kW]은?

① 9 ② 11 ③ 13 ④ 15

펌프의 전동력

$$P_{전} = \frac{0.163\,HQ}{\eta} \times K$$

$P_{전}$	:	전동력	[kW]
H	:	전양정	[m]
Q	:	유량	[m³/min]
η	:	효율	[-]
K	:	전달계수	[-]

$$P_{전} = \frac{0.163 \times 80 \times 500 \times \frac{1\ \mathrm{m^3}}{1000\,\mathrm{L}}}{0.65} \times 1.1 = 11.0338\ \mathrm{kW}$$

15 안지름 10 cm인 수평 원관의 층류유동으로 4km 떨어진 곳에 원유(점성계수 0.02 N·s/m^2, 비중 0.86)를 0.10 m^3/min의 유량으로 수송하려 할 때 펌프에 필요한 동력[W]은? (단, 펌프의 효율은 100%로 가정한다.)

① 76　　② 91　　③ 10900　　④ 9100

조건정리

▽ 안지름	D	:	0.1 m
▽ 이송거리	L	:	4000 m
▽ (원유)점성계수	μ	:	0.02 N·s/m^2
▽ (원유)비중	S	:	0.86 −
▽ 유량	Q	:	0.1 m^3/min
▽ 효율	η	:	100%
▼ 펌프 동력	P	:	? kW

a) 유속

$$v = \frac{Q}{A} = \frac{4 \times 0.1 \times \frac{1\,\mathrm{min}}{60\,s}}{\pi \times 0.1^2} = 0.2122\ \mathrm{m/s}$$

b) 마찰계수

층류이므로, $f = \frac{64}{Re} = \frac{64\mu}{\rho v D}$

$$= \frac{64 \times 0.02}{1000 \times 0.86 \times 0.2122 \times 0.1} = 0.07014$$

c) 달시 - 웨이스바 식

$$\Delta h_L = \frac{fLv^2}{2gD} = \frac{0.07014 \times 4000 \times 0.2122^2}{2 \times 9.8 \times 0.1} = 6.4456\ \mathrm{m}$$

d) 펌프의 전동력

$P_{전} = \frac{\gamma HQ}{\eta} \times K$에서 K, η는 무시하면,

$= \gamma HQ = 9800 \times 0.86 \times 6.4456 \times \left(0.1 \times \frac{1\ \text{min}}{60\ s}\right)$

$= 90.5392\ \text{W}$

16 유속 6 m/s로 정상류의 물이 화살표 방향으로 흐르는 배관에 압력계와 피토계가 설치되어있다. 이때 압력계의 계기압력이 300 kPa이었다면 피토계의 계기압력은 약 몇 kPa인가?

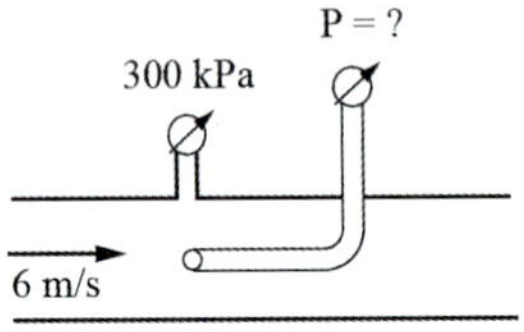

① 180 ② 280 ③ 318 ④ 336

피토게이지

$$H_T = Hs + Hv$$

H_T	:	전압수두	[m]
Hs	:	정압수두	[m]
Hv	:	동압수두	[m]

$$P_T = P_S + P_V = P_S + \frac{v^2}{2g}\ \text{mAq} \times \frac{101.325\ \text{kPa}}{10.332\ \text{mAq}}$$

$$= 300 + \frac{6^2}{2 \times 9.8} \times \frac{101.325}{10.332} = 318.0127\ \text{kPa}$$

17 유체의 압축률에 관한 설명으로 올바른 것은?

① 압축률 = 밀도 × 체적탄성계수
② 압축률 = 1/체적탄성계수
③ 압축률 = 밀도/체적탄성계수
④ 압축 = 체적탄성계수/밀도

압축률

$$K = \frac{1}{\beta} = \frac{\Delta P}{\Delta V / V}$$

K	:	체적탄성계수	$[N/m^2]$
β	:	압축률	$[m^2/N]$
P	:	압력	$[N/m^2]$
V	:	체적	$[m^3]$

18 질량이 5 kg인 공기(이상기체)가 온도 333 K로 일정하게 유지되면서 체적이 10배가 되었다. 이 계(system)가 한 일[kJ]은? (단, 공기의 기체상수는 287 J/kg·K이다.)

① 220 ② 478 ③ 1100 ④ 4779

등온과정에서의 압축일

$$W = P_1 V_1 \ln\frac{V_2}{V_1} = mRT\ln\frac{V_2}{V_1} = P_1 V_1 \ln\frac{P_1}{P_2}$$

- 등온과정이고 체적이 10 배가 되었으므로

$$W = mRT\ln\frac{V_2}{V_1}$$
$$= 5 \times 287 \times 333 \times \ln 10 = 1,100,301\ \text{J} = 1,100\ \text{kJ}$$

19 무한한 두 평판 사이에 유체가 채워져 있고 한 평판은 정지해 있고 또 다른 평판은 일정한 속도로 움직이는 Couette 유동을 하고 있다. 유체 A만 채워져 있을 때 평판을 움직이기 위한 단위면적당 힘을 τ_1이라 하고 같은 평판 사이에 점성이 다른 유체 B만 채워져 있을 때 필요한 힘을 τ_2라 하면 유체 A와 B가 반반씩 위아래로 채워져 있을 때 평판을 같은 속도로 움직이기 위한 단위면적당 힘에 대한 표현으로 옳은 것은?

① $\tau_1 + \tau_2/2$ ② $\sqrt{\tau_1\tau_2}$ ③ $2\tau_1\tau_2/\tau_1+\tau_2$ ④ $\tau_1+\tau_2$

Couette flow

- 점성이 다른 유체 A, B가 반씩 채워진 때, 판이 같은 속도로 움직이기 위한 단위 면적당 힘

$$\tau = \frac{2\tau_1\tau_2}{\tau_1+\tau_2}$$

20 2 m 깊이로 물이 차있는 물 탱크 바닥에 한 변이 20 cm인 정사각형 모양의 관측창이 설치되어 있다. 관측창이 물로 인하여 받는 순 힘(net force)은 몇 N인가? (단, 관측창 밖의 압력은 대기압이다.)

① 784 ② 392 ③ 196 ④ 98

유체에 잠긴면에 수직으로 작용하는 힘

$$P = \gamma H$$
$$F = PA = \gamma HA = \gamma V$$

P	:	미치는 압력	[N/m^2]
F	:	미치는 힘	[N]
γ	:	유체의 비중량	[N/m^3]
H	:	잠긴 깊이	[m]
A	:	수평면적	[m^2]

• 계산하면,
$F=\gamma HA=9,800\times 2\times(0.2\times 0.2)=784\,\mathrm{N}$

정답

01	02	03	04	05	06	07	08	09	10
④	①	④	①	①	③	②	③	①	③
11	12	13	14	15	16	17	18	19	20
①	③	①	②	②	③	②	③	③	①

2021.3 시행 소방유체역학

01 대기압이 90 kPa인 곳에서 진공 76 mmHg는 절대압력[kPa]으로 약 얼마인가?

① 10.1　　② 79.9　　③ 99.9　　④ 101.1

압력 Pressure

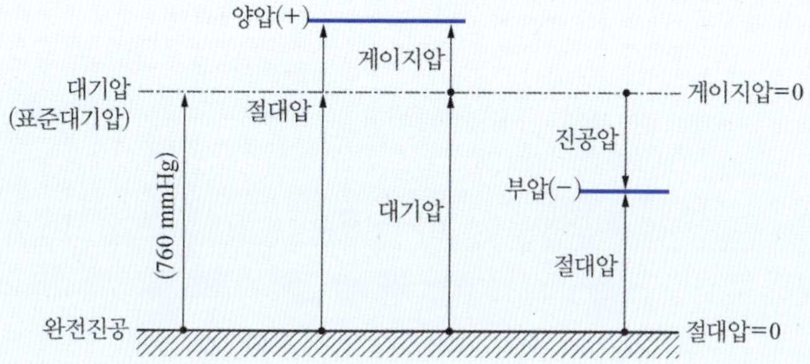

• 대기압을 90 kPa라 하였다.

$$P_{절대} = P_{대기} - P_{진공}$$
$$= 90 - 76\ \text{mmHg} \times \frac{101.325\,\text{kPa}}{760\text{mmHg}} = 79.8675\ \text{kPa}$$

02 지름 0.4 m인 관에 물이 0.5 m³/s로 흐를 때 길이 300 m에 대한 동력손실은 60 kW이었다. 이 때 관 마찰계수[f]는 얼마인가?

① 0.0151　　② 0.0202　　③ 0.0256　　④ 0.0301

a) 펌프의 동력손실

• 효율η, 전달계수K는 주어지지 않았으므로 무시한다.

$$P_{손실} = \frac{\gamma HQ}{1000} \text{ 이므로,}$$
$$H = \frac{1000 \times P_{손실}}{\gamma Q} = \frac{1000 \times 60}{9800 \times 0.5} = 12.2449\ \text{m}$$

b) 유속

$$v = \frac{Q}{A} = \frac{4Q}{\pi D^2} = \frac{4 \times 0.5}{\pi \times 0.4^2} = 3.9789\ \text{m/s}$$

c) 달시-웨이스바 식

$\Delta H_L = \dfrac{fLv^2}{2gD}$ 에서,

$$f = \frac{\Delta H_L \times 2gD}{L \cdot v^2} = \frac{12.2449 \times 2 \times 9.8 \times 0.4}{300 \times 3.9789^2} = 0.0202$$

03 액체 분자들 사이의 응집력과 고체면에 대한 부착력의 차이에 의하여 관내 액체표면과 자유표면 사이에 높이 차이가 나타나는 것과 가장 관계가 깊은 것은?

① 관성력　② 점성　③ 뉴턴의 마찰법칙　④ 모세관현상

04 피스톤이 설치된 용기 속에서 1 kg의 공기가 일정온도 50℃에서 처음 체적의 5배로 팽창되었다면 이 때 전달된 열량[kJ]은 얼마인가? (단, 공기의 기체상수는 0.287 kJ/[kg·K]이다.)

① 149.2　② 170.6　③ 215.8　④ 240.3

등온과정에서의 압축일

$$W = P_1 V_1 \ln\frac{V_2}{V_1} = mRT\ln\frac{V_2}{V_1} = P_1 V_1 \ln\frac{P_1}{P_2}$$

- 등온과정이고 체적이 5 배가 되었으므로

$$W = mRT\ln\frac{V_2}{V_1}$$
$$= 1 \times 0.287 \times (273 + 50) \times \ln 5 = 149.1965 \text{ kJ}$$

05 호주에서 무게가 20 N인 어떤 물체를 한국에서 재어보니 19.8 N이었다면 한국에서의 중력가속도 [m/s^2]는 얼마인가? (단, 호주에서의 중력가속도는 9.82 m/s^{2}이다.)

① 9.46　② 9.61　③ 9.72　④ 9.82

F=mg

$F = m \cdot g$에서 질량 m은 불변하므로,

$$mg_{호주} = F_{호주}, \quad m = \frac{F_{호주}}{g_{호주}} = \frac{20}{9.82} = 2.0367 \text{ kg}$$

$$g_{한국} = \frac{F_{한국}}{m} = \frac{19.8}{2.0367} = 9.7216 \text{ m/s}^2$$

06 두께 20 cm이고 열전도율 4 W/[m·K]인 벽의 내부 표면온도는 20℃이고, 외부 벽은 −10℃인 공기에 노출되어 있어 대류열전달이 일어난다. 외부의 대류열전달계수가 20 W/[m²·K] 일 때, 정상상태에서 벽의 외부표면온도[℃]는 얼마인가? (단, 복사열전달은 무시한다.)

① 5　　② 10　　③ 15　　④ 20

열전달

전도 Conduction	$q = k.A.\frac{\Delta T}{l}$
대류 Convection	$q = h.A.\Delta T$
복사 Radiation	$q = \sigma A T^4$

벽에서의 전도 열전달

$q''_{전도} = k\frac{\Delta T}{l} = 4 \times \frac{20-(T_{외부표면})}{0.2}$

외부표면에서의 대류 열전달

$q''_{대류} = h\Delta T = 20(T_{외부표면} - (-10))$

전도 열전달 = 대류 열진달

$q''_{전도} = q''_{대류}$ 이므로

$4 \times \frac{20 - T_{외부표면}}{0.2} = 20(T_{외부표면} + 10)$,

$400 - 20T = 20T + 200$,

$40T = 200$,

$T_{외부표면} = 5℃$

07 질량 m[kg]의 어떤 기체로 구성된 밀폐계가 Q[kJ]의 열을 받아 일을 하고, 이 기체의 온도가 △T [℃] 상승하였다면 이 계가 외부에 한 일 W[kJ]을 구하는 계산식으로 옳은 것은? (단, 이 기체의 정적비열은 Cv[kJ/(kg·K)], 정압비열은 Cp[kJ/(kg·K)]이다.)

① $W = Q - mC_v \triangle T$　　② $W = Q + mC_v \triangle T$

③ $W = Q - mC_p \triangle T$　　④ $W = Q + mC_p \triangle T$

정적과정에서 계가 외부에 한일

$Q = \Delta U + W$`에서, $W = Q - \Delta U$

체적이 일정하고 온도가 상승 하였으므로

$W = Q - mC_V \Delta T$

08 정육면체의 그릇에 물을 가득 채울 때, 그릇밑면이 받는 압력에 의한 수직방향 평균 힘의 크기를 P라고 하면, 한 측면이 받는 압력에 의한 수평방향 평균 힘의 크기는 얼마인가?

① 0.5 P ② P ③ 2 P ④ 4 P

유체에 잠긴면에 수직으로 작용하는 힘

$$F = \gamma HA$$

F	:	미치는 힘	[N]
γ	:	유체의 비중량	[N/m^3]
H	:	잠긴 깊이	[m]
A	:	수평 면적	[m^2]

유체에 잠긴면에 수평으로 작용하는 힘

- 작용점은 중심점까지의 깊이로 한다.
- 즉, 정육면체라면 0.5H이다.

∴ 수직방향 힘의 크기 P의 0.5배가 된다.

09 베르누이 방정식을 적용할 수 있는 기본 전제조건으로 옳은 것은?

① 비압축성 흐름, 점성 흐름, 정상 유동
② 압축성 흐름, 비점성 흐름, 정상 유동
③ 비압축성 흐름, 비점성 흐름, 비정상 유동
④ 비압축성 흐름, 비점성 흐름, 정상 유동

오일러 방정식의 조건 = 베르누이 적용 조건

- 유체입자는 유선을 따라 유동한다.
- 정상유동이다.
- 마찰손실이 없다.(= 비점성 유체이다.)
- 비압축성 유체이다.(= 밀도가 일정하다.)

10 Newton의 점성법칙에 대한 옳은 설명으로 모두 짝지은 것은?

ㄱ. 전단응력은 점성계수와 속도기울기의 곱이다.
ㄴ. 전단응력은 점성계수에 비례한다.
ㄷ. 전단응력은 속도기울기에 반비례한다.

① ㄱ, ㄴ ② ㄴ, ㄷ ③ ㄱ, ㄷ ④ ㄱ, ㄴ, ㄷ

뉴턴의 점성법칙

$$\tau = \mu \frac{dv}{dy}$$

τ	:	전단응력	[N/m^2]
μ	:	점성계수	[N · s/m^2]
v	:	속도	[m/s]
y	:	벽면에서의 거리	[m]
dv/dy	:	속도기울기	[s^{-1}]

• 보기 ③은 틀렸다. 전단응력은 속도기울기에 비례한다.

11 물이 배관 내에 유동하고 있을 때 흐르는 물 속 어느 부분의 정압이 그 때 물의 온도에 해당 하는 증기압 이하로 되면 부분적으로 기포가 발생하는 현상을 무엇이라고 하는가?

① 수격현상 ② 서징현상 ③ 공동현상 ④ 와류현상

공동현상 Cavitation

펌프 운전 → 흡입측 압력저하 → 압력 < 포화증기압 → 기포발생 진동, 소음 → 파손

12 그림과 같이 사이폰에 의해 용기 속의 물이 4.8 m^3/min로 방출된다면 전체 손실수두[m]는 얼마인가? (단, 관 내 마찰은 무시한다.)

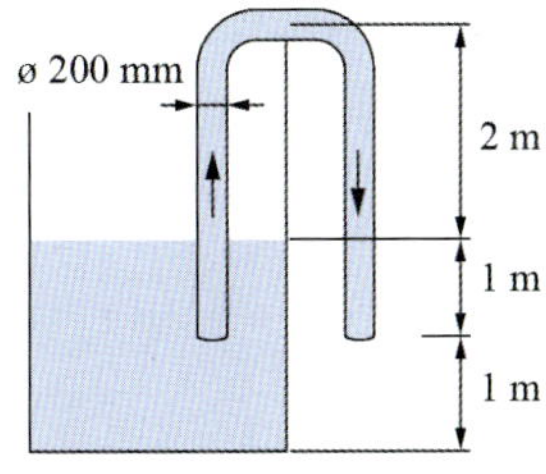

① 0.668 ② 0.330 ③ 1.043 ④ 1.826

사이폰 유출

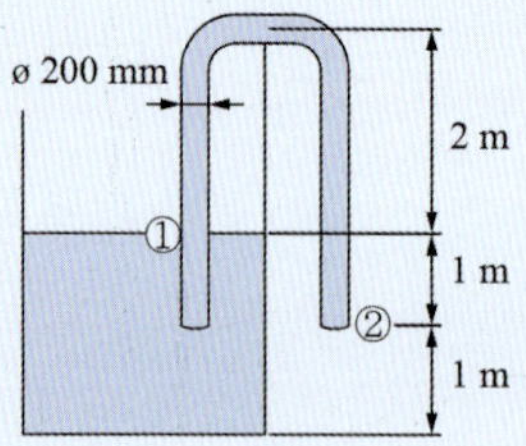

- 지점 ①에서 지점 ②까지의 위치에너지 차이를 통해 유출된다.
- 유량과 직경이 주어졌으므로 연속방정식을 통해 유속을 구하고,
- 수정 베르누이 정리를 통해 손실수두[m]를 구한다.

연속방정식

$Q = AV$에서,

$$V = \frac{Q}{A} = \frac{4 \times 4.8\ \text{m}^3/\text{min} \times \frac{1\ \text{min}}{60\,\text{s}}}{\pi \times 0.2^2} = 2.5465\ \text{m/s}$$

수정 베르누이 정리

$$\frac{P_1}{\gamma} + \frac{V_1^{\,2}}{2g} + Z_1 = \frac{P_2}{\gamma} + \frac{V_2^{\,2}}{2g} + Z_2 + h_L \text{에서}$$

$P_1 = P_2 =$ 대기압, $V_1 = 0$이므로,

$$Z_1 = \frac{V_2^{\,2}}{2g} + Z_2 + h_L$$

$$\therefore\ h_L = \Delta Z - \frac{V^2}{2g} = 1 - \frac{2.5465^2}{2 \times 9.8} = 0.6691\ \text{m}$$

13 반지름 R_0인 원형파이프에 유체가 층류로 흐를 때, 중심으로부터 거리 R에서의 유속 U와 최대속도 Umax의 비에 대한 분포식으로 옳은 것은?

① $\dfrac{U}{U_{max}} = \left(\dfrac{R}{R_0}\right)^2$

② $\dfrac{U}{U_{max}} = 2\left(\dfrac{R}{R_0}\right)^2$

③ $\dfrac{U}{U_{max}} = \left(\dfrac{R}{R_0}\right)^2 - 2$

④ $\dfrac{U}{U_{max}} = 1 - \left(\dfrac{R}{R_0}\right)^2$

국부속도

$$\frac{U}{U_{max}} = 1 - \left(\frac{R}{R_0}\right)^2$$

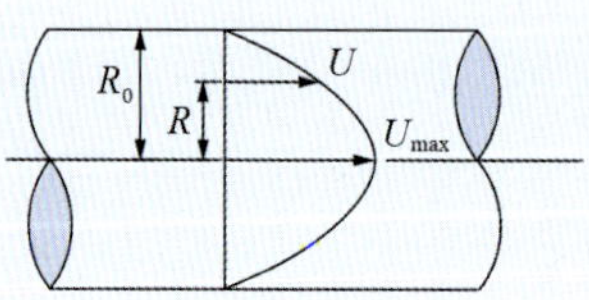

14 이상기체의 기체상수에 대해 옳은 설명으로 모두 짝지어진 것은?

> a. 기체상수의 단위는 비열의 단위와 차원이 같다.
> b. 기체상수는 온도가 높을수록 커진다.
> c. 분자량이 큰 기체의 기체상수가 분자량이 작은 기체의 기체상수보다 크다.
> d. 기체상수의 값은 기체의 종류에 관계없이 일정하다.

① a　　② a, c　　③ b, c　　④ a, b, d

이상기체 상태방정식

a) 몰수를 적용한 기체상수

$$R = \frac{PV}{nT} = \frac{101325\,[\mathrm{N/m^2}] \times 0.0224\,[\mathrm{m^3}]}{1\,[\mathrm{mol}] \times 273\,[\mathrm{K}]}$$

$$= 8.314\ [\mathrm{J/mol.K}]$$

절대값으로 모든 기체에 동일하게 사용할 수 있다.

b) 몰질량을 반영한 기체상수

질량보존의 법칙 : $V \propto w$

양을 고정하는 몰수 n을 질량 w 로 바꾸면

$$PV = wRT\,,\ R = \frac{PV}{wT}$$

분자량이 동일한 기체에서만 적용할 수 있다

c) 지문해석

a. 기체상수의 단위는 비열의 단위[J/kg·K]와 차원이 같다. ∴ O
b. 기체상수는 온도가 높을수록 작아진다. ∴ X
c. 분자량이 클수록 기체상수는 작아진다. ∴ X
d. 기체상수의 값은 분자량이 동일한 기체에서만 일정하다. ∴ X

※ 지문의 내용 상 '몰질량을 반영한 기체상수'를 설명한 것을 알 수 있다. 조건이 미흡하지만 지문의 공통점을 찾아내 풀어야 하는 혼란스러운 문항이다.

15 그림에서 두 피스톤이 지름이 각각 30 cm와 5 cm이다. 큰 피스톤이 1 cm 아래로 움직이면 작은 피스톤은 위로 몇 cm 움직이는가?

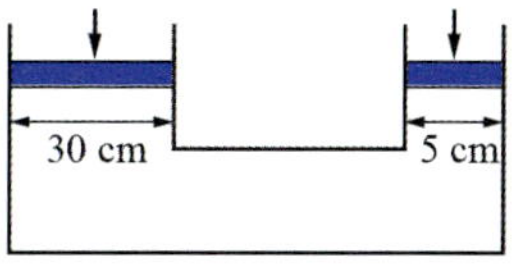

① 1 ② 5 ③ 30 ④ 36

파스칼의 법칙

• 비압축성 유체로서 ΔV는 일정하다.

$\Delta V = A_1 H_1 = A_2 H_2$

$$H_2 = \frac{A_1}{A_2} H_1 = \left(\frac{D_1}{D_2}\right)^2 H_1 = \left(\frac{30}{5}\right)^2 \times 1 = 36\ \mathrm{cm}$$

16 흐르는 유체에서 정상류의 의미로 옳은 것은?

① 흐름의 임의의 점에서 흐름특성이 시간에 따라 일정하게 변하는 흐름
② 흐름의 임의의 점에서 흐름특성이 시간에 관계없이 항상 일정한 상태에 있는 흐름
③ 임의의 시각에 유로 내 모든 점의 속도벡터가 일정한 흐름
④ 임의의 시각에 유로 내 각점의 속도벡터가 다른 흐름

정상류

• 유체의 속도, 압력, 밀도, 온도가 시간에 따라 변하지 않는 흐름이다.
• 정상류는 베르누이 정리의 가정 조건이다.

17 용량 1000 L의 탱크차가 만수 상태로 화재현장에 출동하여 노즐압력 294.2 kPa, 노즐구경 21 mm를 사용하여 방수한다면 탱크차 내의 물을 전부 방수하는데 몇 분 소요되는가? (단, 모든 손실은 무시한다.)

① 1.7분 ② 2분 ③ 2.3분 ④ 2.7분

방수압 및 방수량

$$Q = 0.653\,D^2\sqrt{10P}$$

Q	:	방수량	[LPM]
D	:	노즐구경	[mm]
P	:	방수압	[MPa]

$$Q = 0.653 \times 21^2 \times \sqrt{10 \times 294.2\ \mathrm{kPa} \times \frac{1\,\mathrm{MPa}}{1000\,\mathrm{kPa}}} = 493.94\ L/\mathrm{min}$$

소요시간

$1000\,L \div 493.94\ L/\mathrm{min} = 2.02\ \mathrm{min}$

18 그림과 같이 60°로 기울어진 고정된 평판에 직경 50 mm의 물 분류가 속도[V] 20 m/s로 충돌하고 있다. 분류가 충돌할 때 판에 수직으로 작용하는 충격력 R[N]은?

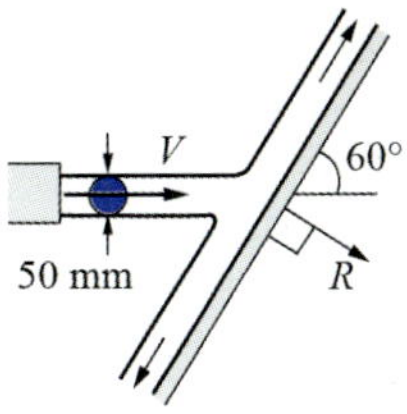

① 296 ② 393 ③ 680 ④ 785

운동량 방정식

- θ° 만큼 세워진 평판에 수직으로 작용하는 충격력
  $F = \rho QV \cdot \sin\theta = \rho A V^2 \cdot \sin\theta$이고,
  $R = 1000 \times \dfrac{\pi \times 0.05^2}{4} \times 20^2 \times \sin 60 = 680\ \text{N}$

19 외부지름이 30 cm이고 내부지름이 20 cm인 길이 10 m의 환형(annular)관에 물이 2 m/s의 평균속도로 흐르고 있다. 이 때 손실수두가 1 m일 때, 수력직경에 기초한 마찰계수는 얼마인가?

① 0.049 ② 0.054 ③ 0.065 ④ 0.078

수력직경

직경을 수력지름으로 구하면,

$$D_h = \frac{4 \times \text{단면적}A}{\text{접수길이}P}$$

$$= \frac{4 \times \left(\dfrac{\pi(0.3^2 - 0.2^2)}{4}\right)}{\pi(0.2+0.3)} = \frac{0.3^2 - 0.2^2}{0.2+0.3} = 0.1\ \text{m}$$

달시–웨이스바 식

$\Delta h_L = \dfrac{fLv^2}{2gD}$에서, 마찰계수 f로 정리하면

$$f = \frac{2gD_h \Delta h}{Lv^2} = \frac{2 \times 9.8 \times 0.1 \times 1}{10 \times 2^2} = 0.049$$

20 토출량이 0.65 m^3/min인 펌프를 사용하는 경우 펌프의 소요 축동력[kW]은? (단, 전양정은 40 m이고, 펌프의 효율은 50%이다.)

① 4.2 ② 8.5 ③ 17.2 ④ 50.9

조건정리

▽ 토출량 Q : $0.65\ m^3/min$
▽ 전양정 H : 40 m
▽ 효율 η : 50%
▼ 축동력 $P_{축}$: ? kW

펌프의 축동력

$$P_{축} = \frac{P_{수}}{\eta} = \frac{\gamma HQ}{\eta}$$

$$= \frac{9800 \times 40 \times 0.65\,m^3/min \times \dfrac{1\,min}{60\,s}}{0.5} = 8493.33\ W = 8.49\ kW$$

정답

01	02	03	04	05	06	07	08	09	10
②	②	④	①	③	①	①	①	④	①
11	12	13	14	15	16	17	18	19	20
③	①	④	①	④	②	②	③	①	②

2020.9 시행 소방유체역학

01 그림과 같이 수조의 밑부분에 구멍을 뚫고 물을 유량 Q로 방출시키고 있다. 손실을 무시할 때 수위가 처음 높이의 1/2로 되었을 때 방출되는 유량은 어떻게 되는가?

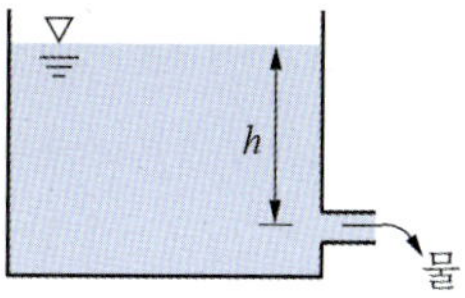

① $\frac{1}{\sqrt{2}}Q$ ② $\frac{1}{2}Q$ ③ $\frac{1}{\sqrt{3}}Q$ ④ $\frac{1}{3}Q$

토리첼리의 정리

- 노즐에서의 유속 $v = \sqrt{2gh}$

  $\therefore h_2 = \frac{1}{2}h_1$ 이면, $v_2 = \sqrt{\frac{1}{2}}v_1$

02 다음 중 등엔트로피 과정은 어느 과정인가?

① 가역 단열과정 ② 가역 등온과정 ③ 비가역 단열과정 ④ 비가역 등온과정

등엔트로피 과정(isentropic process)

- 엔트로피가 일정하게 유지되는 가상적인 이상 과정이다.
- 단열과정에서 계의 마찰이 없고, 열·물질의 전달이 없으며 가역과정이면 등엔트로피 과정이 된다.
- 카르노 사이클의 단열과정이 등엔트로피 과정이다.

03 비중이 0.95인 액체가 흐르는 곳에 그림과 같이 피토 튜브를 직각으로 설치하였을 때 h가 150 mm, H가 30 mm로 나타났다면 점 1위치에서의 유속[m/s]은?

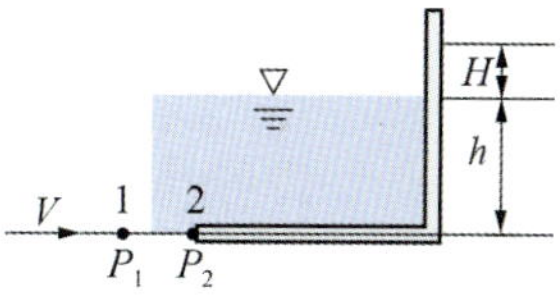

① 0.8 ② 1.6 ③ 3.2 ④ 4.2

피토 관

$H_{전압} = H_{정압} + H_{동압}$, $(0.15+0.03) = 0.15 + \frac{v^2}{2g}$

$\therefore v = \sqrt{2\times 9.8\times 0.03} = 0.7668\ \mathrm{m/s}$

04 어떤 밀폐계가 압력 200 kPa, 체적 0.1 m^3인 상태에서 100 kPa, 0.3 m^3인 상태까지 가역적으로 팽창하였다. 이 과정이 P–V 선도에서 직선으로 표시된다면 이 과정 동안에 계가 한 일[kJ]은?

① 20 ② 30 ③ 45 ④ 60

계가 한 일

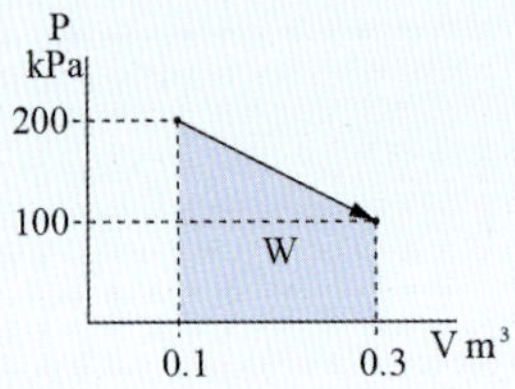

$W = 0.2\times 100 + \frac{0.2\times(200-100)}{2} = 30\ \mathrm{kJ}$

05 유체에 관한 설명으로 틀린 것은?

① 실제유체는 유동할 때 마찰로 인한 손실이 생긴다.
② 이상유체는 높은 압력에서 밀도가 변화하는 유체이다.
③ 유체에 압력을 가하면 체적이 줄어드는 유체는 압축성 유체이다.
④ 전단력을 받았을 때 저항하지 못하고 연속적으로 변형하는 물질을 유체라 한다.

이상유체

- 비압축성이고 점성이 없는 유체
- 온도나 압력이 변해도 밀도가 일정하고 마찰손실이 없는 가상의 유체

06 대기압에서 10℃의 물 10 kg을 70℃까지 가열할 경우 엔트로피 증가량[kJ/K]은? (단, 물의 정압비열은 4.18 kJ/kg·K이다.)

① 0.43 ② 8.03 ③ 81.3 ④ 2508.1

엔트로피 증가량

$$\Delta S = m \cdot C_p \cdot \ln\frac{T_2}{T_1}$$

ΔS	:	엔트로피 변화량	[kJ/K]
m	:	질량	[kg]
C_p	:	정압비열	[kJ/kg·K]
T	:	절대온도	[K]

$$\Delta S = 10 \times 4.18 \times \ln\frac{273+70}{273+10} = 8.0374 \text{ kJ/K}$$

07 물속에 수직으로 완전히 잠긴 원판의 도심과 압력중심 사이의 최대 거리는 얼마인가? (단, 원판의 반지름은 R이며, 이 원판의 면적관성모멘트는 $I_{xc} = \pi R^4/4$ 이다.)

① R/8　② R/4　③ R/2　④ 2R/3

원판의 도심과 압력중심 사이 최대 거리

$$y_{압력중심} - y_{도심} = \frac{I_{xc}}{AR} = \frac{\frac{\pi R^4}{4}}{\pi R^2 \cdot R} = \frac{\pi R^4}{4\pi R^3} = \frac{R}{4} \text{ m}$$

08 점성계수가 0.101 N·s/m², 비중이 0.85인 기름이 내경 300 mm, 길이 3 km의 주철관 내부를 0.0444 m³/s의 유량으로 흐를 때 손실수두[m]는?

① 7.1　② 7.7　③ 8.1　④ 8.9

a) 연속방정식

$Q = AV$에서

$$V = \frac{Q}{A} = \frac{4Q}{\pi D^2} = \frac{4 \times 0.0444}{\pi \times 0.3^2} = 0.6281 \text{ m/s}$$

b) 레이놀즈 수

$$Re = \frac{\rho VD}{\mu} = \frac{1000 \times 0.85 \times 0.6281 \times 0.3}{0.101} = 1585.80$$

c) 마찰계수

$Re < 2100$이므로 층류이다.

$$\therefore f = \frac{64}{Re} = \frac{64}{1585.80} = 0.0404$$

d) 달시-웨이스바 식

$$\Delta H = \frac{fLV^2}{2Dg} = \frac{0.0404 \times 3000 \times 0.6281^2}{2 \times 0.3 \times 9.8} = 8.132 \text{ m}$$

09 그림과 같은 곡관에 물이 흐르고 있을 때 계기 압력으로 P_1 이 98 kPa이고, P_2가 29.42 kPa이면 이 곡관을 고정시키는 데 필요한 힘[N]은? (단, 높이차 및 모든 손실은 무시한다.)

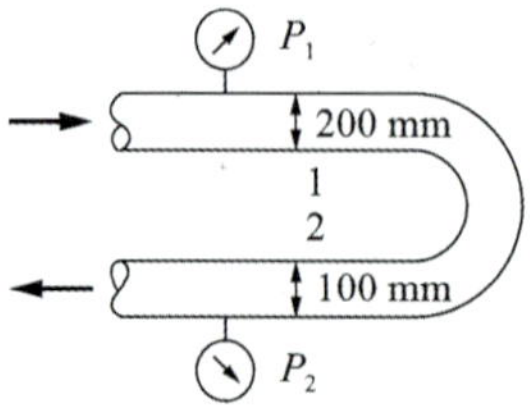

① 4141 ② 4314 ③ 4565 ④ 4744

a) 연속방정식

$$A_1 v_1 = A_2 v_2 \text{ 에서 } v_2 = \frac{A_1}{A_2} v_1 = \left(\frac{D_1}{D_2}\right)^2 v_1 = 4v_1$$

b) 베르누이 정리

높이차 및 손실을 무시하고,

$$\frac{P_1}{\gamma} + \frac{v_1^2}{2g} = \frac{P_2}{\gamma} + \frac{v_2^2}{2g} \text{ 에서 } v_2 = 4v_1 \text{ 이므로}$$

$$\frac{15v_1^2}{2g} = \frac{P_1 - P_2}{\gamma},$$

$$v_1 = \sqrt{\frac{P_1 - P_2}{\gamma} \cdot \frac{2g}{15}} = \sqrt{\frac{(98 - 29.42) \times 1000 \times 2 \times 9.8}{9800 \times 15}} = 3.024 \text{ m/s}$$

$$v_2 = 4 \times 3.024 = 12.096 \text{ m/s}$$

c) 유량

$$Q = A_1 V_1 = \frac{\pi D_1^2}{4} V_1 = \frac{\pi \times 0.2^2 \times 3.024}{4} = 0.095 \text{ m}^3/\text{s}$$

d) 운동량의 합산

$$F = P_1 A_1 + P_2 A_2 + \rho Q (V_2 - V_1)$$

$$P_1 A_1 = 98 \times 1000 \times \frac{\pi \times 0.2^2}{4} = 3078.77 \text{ N}$$

$$P_2 A_2 = 29.42 \times 1000 \times \frac{\pi \times 0.1^2}{4} = 231.06 \text{ N}$$

$$\rho Q (V_2 - V_1) = 1000 \times 0.095 \times (12.096 - (-3.024)) = 1436.4 \text{ N}$$

$$\therefore F = 3078.77 + 231.06 + 1436.4 = 4746.23 \text{ N}$$

10 물의 체적을 5% 감소시키려면 얼마의 압력[kPa]을 가하여야 하는가? (단, 물의 압축률은 5×10^{-10} m^2/N이다.)

① 1 ② 10^2 ③ 10^4 ④ 10^5

압축률

$$K = \frac{1}{\beta} = \frac{\Delta P}{\Delta V/V}$$

K	:	체적탄성계수	[N/m²]
β	:	압축률	[m²/N]
P	:	압력	[N/m²]
V	:	체적	[m³]

$$\Delta P = \frac{\Delta V/V}{\beta} = \frac{5/100}{5\times 10^{-10}} = 100,000,000 \text{ Pa} = 100,000 \text{ kPa}$$

11 옥내 소화전에서 노즐의 직경이 2 cm이고, 방수량이 0.5 m³/min이라면 방수압[계기압력, kPa]은?

① 35.18 ② 351.8 ③ 566.4 ④ 56.64

방수압 및 방수량

$$Q = 0.653\,D^2\sqrt{10P}$$

Q	:	방수량	[LPM]
D	:	노즐구경	[mm]
P	:	방수압	[MPa]

$$\Rightarrow \sqrt{10}P = \frac{Q}{0.653\,D^2} \Rightarrow P = \frac{Q^2}{0.653^2\,D^4\times 10}$$

$$P = \frac{(0.5\times 1000)^2}{0.653^2\times 20^4\times 10} = 0.3664\,MPa = 366.4 \text{ kPa}$$

12 공기 중에서 무게가 941 N인 돌이 물속에서 500 N 이라면 이 돌의 체적[m³]은? (단, 공기의 부력은 무시한다.)

① 0.012 ② 0.028 ③ 0.034 ④ 0.045

부력

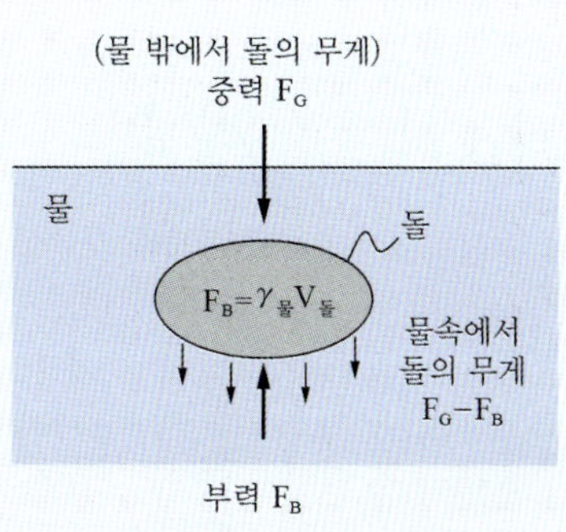

$$F_G - F_B = 500,\ \ F_B = 941 - 500 = 441\ \text{N}$$

$$V_{돌} = \frac{F_B}{\gamma_{물}} = \frac{441}{9800} = 0.045\ \text{m}^3$$

13 그림과 같이 비중이 0.8인 기름이 흐르고 있는 관에 U자관이 설치되어 있다. A점에서의 계기압력이 200 kPa일 때 높이 h[m]는 얼마인가? (단, U자관 내의 유체의 비중은 13.6이다.)

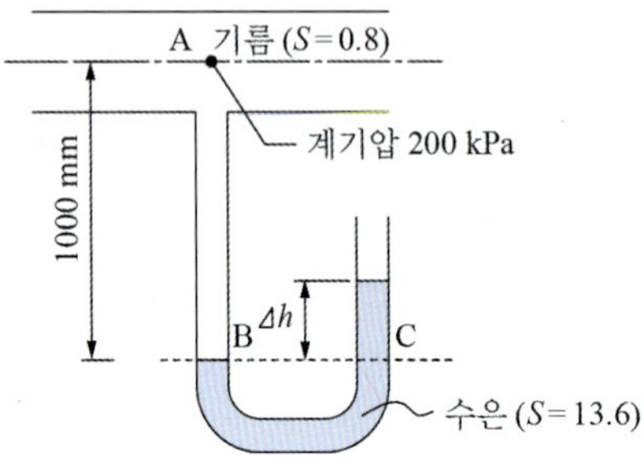

① 1.42 ② 1.56 ③ 2.43 ④ 3.20

조건정리

▽ 기름 높이 h_1 : 1 m
▽ A점 계기압 P_G : 200 kPa
▽ 기름의 비중 S_1 : 0.8
▽ 수은의 비중 S_2 : 13.6
▼ 수은주 양쪽의 높이차 Δh : ? m

액주계

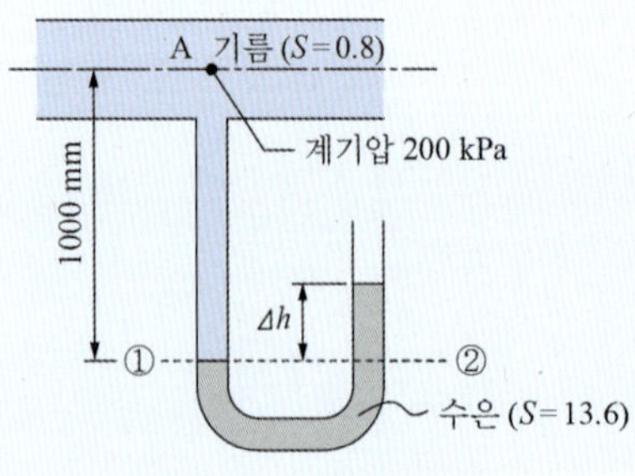

지점 ①, ②에서의 압력은 같다

$P_A + \gamma_1 h_1 = \gamma_2 \Delta h$이므로,

$$\Delta h = \frac{P_A + \gamma_1 h_1}{\gamma_2} = \frac{200 \times 1000 + 9800 \times 0.8 \times 1}{9800 \times 13.6} = 1.5594\ \text{m}$$

14 열전달 면적이 A이고, 온도 차이가 10℃, 벽의 열전도율이 10 W/(m·K), 두께 25 cm인 벽을 통한 열류량은 100 W이다. 동일한 열전달 면적에서 온도 차이가 2배, 벽의 열전도율이 4배가 되고 벽의 두께가 2배가 되는 경우 열류량[W]은 얼마인가?

① 50 ② 200
③ 400 ④ 800

열전달

전도 Conduction	$q = k.A.\frac{\Delta T}{l}$
대류 Convection	$q = h.A.\Delta T$
복사 Radiation	$q = \sigma A T^4$

벽에서의 전도 열전달

$$q''_{전도} = k\frac{\Delta T}{l} = 10 \times \frac{10}{0.25} = 400\,\mathrm{W/m^2},$$

$$q = q'' \times A \Rightarrow A = \frac{q}{q''} = \frac{100}{400} = 0.25\,\mathrm{m^2}$$

$$q_2 = 4 \times 10 \times 0.25 \times \frac{2 \times 10}{2 \times 0.25} = 400\ \mathrm{W}$$

15 지름 40 cm인 소방용 배관에 물이 80 kg/s로 흐르고 있다면 물의 유속[m/s]은?

① 6.4 ② 0.64
③ 12.7 ④ 1.27

연속방정식

$$\dot{Q} = A \times V$$

$$\dot{m} = \rho Q = \rho A V$$

$$V = \frac{\dot{m}}{\rho A} = \frac{4 \times 80}{1000 \times \pi \times 0.4^2} = 0.6366\,\mathrm{m/s}$$

16 지름이 400 mm인 베어링이 400 rpm으로 회전하고 있을 때 마찰에 의한 손실동력[kW]은? (단, 베어링과 축 사이에는 점성계수가 0.049 N·s/m²인 기름이 차 있다.)

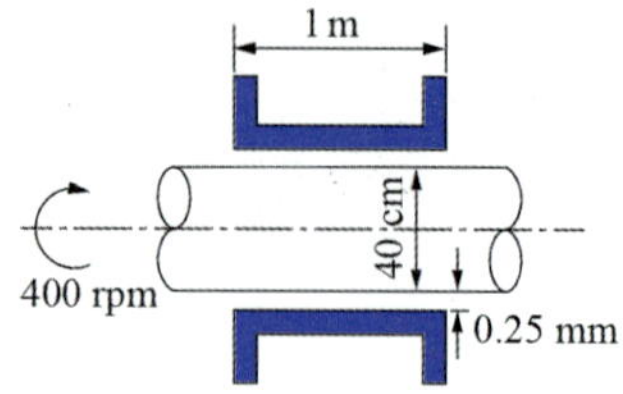

① 15.1　　② 15.6
③ 16.3　　④ 17.3

a) 원주속도

V = 원주길이×초당 회전수

$$= \frac{\pi DN}{60} = \frac{\pi \times 0.4 \times 400}{60} = 8.384\ \text{m/s}$$

b) 마찰력

$$F_f = \mu A \frac{V}{C} = \mu(\pi DL)\frac{V}{C} = 0.049 \times \pi \times 0.4 \times 1 \times \frac{8.384}{0.00025} = 2065\,\text{N}$$

c) 손실동력

$$P_f = F_f \times V = 2065 \times 8.384 = 17312.96\ \text{W} = 17.31\ \text{kW}$$

17 12층 건물의 지하 1층에 제연설비용 배연기를 설치하였다. 이 배연기의 풍량은 500 m^3/min이고, 풍압이 290 Pa일 때 배연기의 동력[kW]은? (단, 배연기의 효율은 60%이다.)

① 3.55　　② 4.03
③ 5.55　　④ 6.11

송풍기 동력

$$P_{축} = \frac{PQ}{1000\eta} = \frac{290 \times 500}{60 \times 1000 \times 0.6} = 4.03\ \text{kW}$$

18 다음 중 배관의 출구측 형상에 따라 손실계수가 가장 큰 것은?

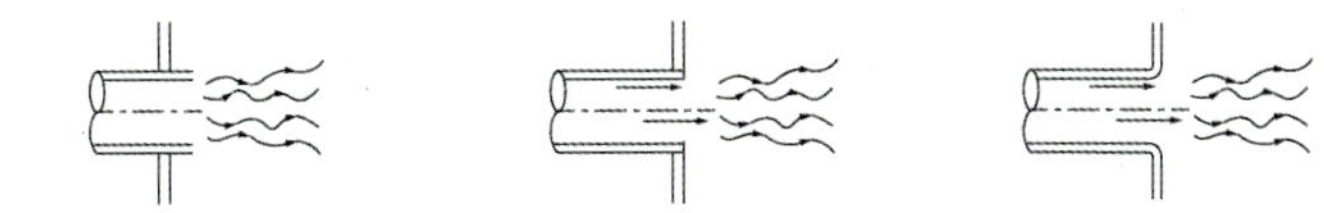

① ㄱ ② ㄴ ③ ㄷ ④ 모두 같다.

입구에서의 손실계수

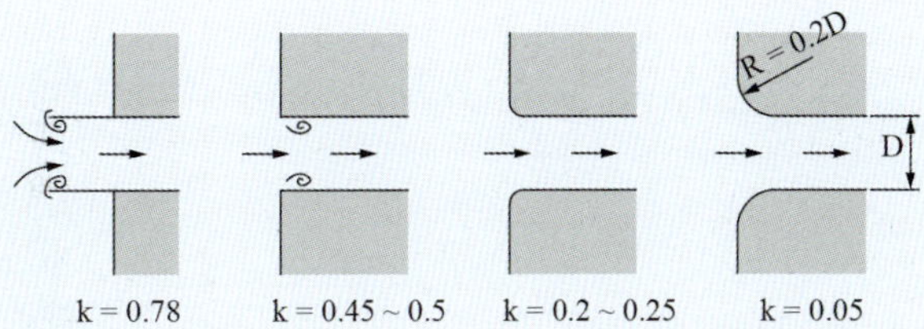

• 출구에서의 손실계수는 모두 같다.

19 원관 내에 유체가 흐를 때 유동의 특성을 결정하는 가장 중요한 요소는?

① 관성력과 점성력 ② 압력과 관성력
③ 중력과 압력 ④ 압력과 점성력

무차원수

• 원관 내 유체유동은 레이놀즈 수로 층류, 난류를 구분하여 해석한다.

구분	계산식	비고
레이놀즈 Reynolds 수	$Re = \frac{\rho VD}{\mu} = \frac{\text{관성력}}{\text{점성력}}$	
너셀 Nusselt 수	$N = \frac{hl}{k} = \frac{\text{대류열전달}}{\text{전도열전달}}$	
프란틀 Prandtle 수	$Pr = \frac{v}{\alpha} = \frac{\text{운동량확산율}}{\text{열확산율}}$	
마하 Mach 수	$Ma = \frac{V}{a} = \frac{\text{관성력}}{\text{압축력}}$	
프루드 Froude 수	$Fr = \frac{v}{\sqrt{l \cdot g}} = \frac{\text{관성력}}{\text{중력}}$	

20 토출량이 1800 L/min, 회전차의 회전수가 1,000 rpm인 소화펌프의 회전수를 1,400 rpm으로 증가시키면 토출량은 처음보다 얼마나 더 증가되는가?

① 10% ② 20% ③ 30% ④ 40%

조건정리

▽ 조정 전 회전속도 N_1 : 1,000 rpm

▽ 조정 후 회전속도 N_2 : 1,400 rpm

▽ 조정 전 토출량 Q_1 : 1,800 L/min

▼ 조정 후 토출량 Q_2 : ? L/min

상사법칙

a) 유량 : $\frac{Q_2}{Q_1}=\left(\frac{N_2}{N_1}\right)\left(\frac{D_2}{D_1}\right)^3$

양정 : $\frac{H_2}{H_1}=\left(\frac{N_2}{N_1}\right)^2\left(\frac{D_2}{D_1}\right)^2$

동력 : $\frac{P_2}{P_1}=\left(\frac{N_2}{N_1}\right)^3\left(\frac{D_2}{D_1}\right)^5$ 에서, 조건에 없는 D는 무시한다.

b) $\frac{Q_2}{Q_1}=\frac{N_2}{N_1}$ 이므로, $Q_2 = Q_1 \times \frac{N_2}{N_1} = 1800 \times \frac{1400}{1000} = 2520\ \text{L/min}$

c) $\frac{2520}{1800} = 1.4 = 140\%$

정답

01	02	03	04	05	06	07	08	09	10
①	①	①	②	②	②	②	③	④	④
11	**12**	**13**	**14**	**15**	**16**	**17**	**18**	**19**	**20**
②	④	②	③	②	④	②	④	①	④

2020.8 시행 소방유체역학

01 체적 $0.1m^3$의 밀폐 용기 안에 기체상수가 0.4615 kJ/kg·K인 기체 1 kg이 압력 2 MPa, 온도 250℃ 상태로 들어있다. 이때 이 기체의 압축계수(또는 압축성인자)는?

① 0.578　　② 0.828　　③ 1.21　　④ 1.73

조건정리

▽ 체적	V : 0.1 m^3
▽ 기체상수	R : 0.4615 kJ/kg·K
▽ 질량	m : 1 kg
▽ 압력	P : 2 MPa
▽ 온도	T : 250+273 K
▼ 압축계수	X : ?

압축계수

$$X = \frac{PV}{mRT} = \frac{2000 \times 0.1}{1 \times 0.4615 \times (250+273)} = 0.8286$$

02 물의 체적탄성계수가 2.5 GPa 일 때 물의 체적을 1% 감소시키기 위해서 얼마의 압력[MPa]을 가하여야 하는가?

① 20　　② 25　　③ 30　　④ 35

체적탄성계수

$$K = \frac{1}{\beta} = \frac{\Delta P}{\Delta V / V}$$

K	:	체적탄성계수	[N/m^2]
β	:	압축률	[m^2/N]
P	:	압력	[N/m^2]
V	:	체적	[m^3]

$$K = \frac{\Delta P}{\Delta V / V},$$

$$\Delta P = K \times \frac{\Delta V}{V} = 2500 \text{ MPa} \times \frac{1}{100} = 25 \text{ MPa}$$

03 안지름 40 mm의 배관 속을 정상류의 물이 매분 150 L로 흐를 때의 평균 유속[m/s]은?

① 0.99　　② 1.99　　③ 2.45　　④ 3.01

연속방정식

$$Q = AV = \frac{\pi D^2}{4}V,\quad V = \frac{4Q}{\pi D^2} = \frac{4\times 150\,\mathrm{L/min}}{1000\times 60\times\pi\times 0.04^2} = 1.99\ \mathrm{m/s}$$

04 원심펌프를 이용하여 0.2 m^3/s로 저수지의 물을 2 m 위의 물 탱크로 퍼 올리고자 한다. 펌프의 효율이 80%라고 하면 펌프에 공급해야 하는 동력[kW]은?

① 1.96 ② 3.14 ③ 3.92 ④ 4.90

펌프의 전동력

$$P_{축} = \frac{\gamma HQ}{1000\eta} = \frac{9800\times 2\times 0.2}{1000\times 0.8} = 4.9\ \mathrm{kW}$$

- '펌프에 공급할 동력'이라면 전달계수를 포함하지 않는다. (= 축동력)

05 원관에서 길이가 2배, 속도가 2배가 되면 손실수두는 원래의 몇 배가 되는가? (단, 두 경우 모두 완전발달 난류유동에 해당되며, 관 마찰계수는 일정하다.)

① 동일하다. ② 2배 ③ 4배 ④ 8배

패닝의 법칙

- 완전난류의 경우 패닝의 마찰손실 계산식을 사용한다.
- 손실수두는 달시-웨이스바 식(층류유동)의 4배에 상당한다.

$\Delta H = \dfrac{2fLv^2}{gD}$에서

길이 L과 속도 v가 2배가 된다면, $2L\times(2v)^2 = 8\times Lv^2$이 된다.

06 펌프가 운전 중에 한숨을 쉬는 것과 같은 상태가 되어 펌프 입구의 진공계 및 출구의 압력계 지침이 흔들리고 송출유량도 주기적으로 변화하는 이상 현상을 무엇이라고 하는가?

① 공동현상(cavitation) ② 수격작용(water hammering)
③ 맥동현상(surging) ④ 언밸런스(unbalance)

맥동현상 surging

- 성능곡선상에 우상향의 구간이 있으면 2이상의 운전점이 생성된다.
- 압력 및 풍량이 반복적으로 증감하여 소음 및 진동을 유발한다.

07 터보팬을 6000 rpm으로 회전시킬 경우, 풍량은 0.5 m^3/min, 축동력은 0.049 kW이었다. 만약 터보팬의 회전수를 8000 rpm 으로 바꾸어 회전시킬 경우 축동력[kW]은?

① 0.0207　② 0.207　③ 0.116　④ 1.161

조건정리

▽ 조정 전 회전속도　N_1 : 6,000 rpm
▽ 조정 후 회전속도　N_2 : 8,000 rpm
▽ 조정 전 토출량　Q_1 : 0.5 m^3/min
▽ 조정 전 축동력　P_1 : 0.049 kW
▼ 조정 후 축동력　Q_2 : ? kW

상사법칙

a) 유량 $\frac{Q_2}{Q_1}=\left(\frac{N_2}{N_1}\right)\left(\frac{D_2}{D_1}\right)^3$,

양정 : $\frac{H_2}{H_1}=\left(\frac{N_2}{N_1}\right)^2\left(\frac{D_2}{D_1}\right)^2$,

동력 : $\frac{P_2}{P_1}=\left(\frac{N_2}{N_1}\right)^3\left(\frac{D_2}{D_1}\right)^5$ 에서, 조건에 없는 D는 무시한다.

b) $\frac{P_2}{P_1}=\left(\frac{N_2}{N_1}\right)^3$, $P_2=0.049\times\left(\frac{8000}{6000}\right)^3=0.116\text{ kW}$

08 어떤 기체를 20℃에서 등온 압축하여 절대압력이 0.2 MPa에서 1 MPa으로 변할 때 체적은 초기 체적과 비교하여 어떻게 변화하는가?

① 5배로 증가한다.　② 10배로 증가한다.
③ 1/5 로 감소한다.　④ 1/10 로 감소한다.

보일의 법칙

$T=const$, $V\propto\frac{1}{P}$

$V_2=V_1\times\frac{P_1}{P_2}=\frac{1}{5}V_1$

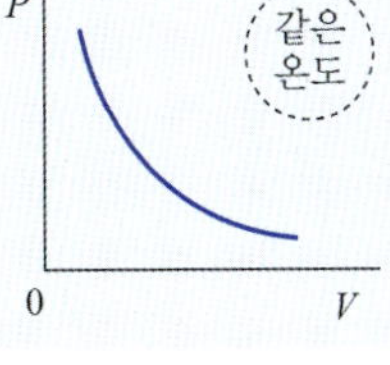

09 원관 속의 흐름에서 관의 직경, 유체의 속도, 유체의 밀도, 유체의 점성계수가 각각 D, V, ρ, μ로 표시될 때 층류 흐름의 마찰계수[f]는 어떻게 표현될 수 있는가?

① $f = \frac{64\mu}{DV\rho}$ ② $f = \frac{64\rho}{DV\mu}$ ③ $f = \frac{64D}{DV\rho\mu}$ ④ $f = \frac{64}{DV\rho\mu}$

a) 레이놀즈 수

$$Re = \frac{\rho VD}{\mu}$$

b) 층류에서 마찰계수

$$f = \frac{64}{Re} = \frac{64\mu}{\rho VD}$$

10 그림과 같이 매우 큰 탱크에 연결된 길이 100 m, 안지름 20 cm인 원관에 부차적 손실계수가 5인 밸브 A가 부착되어 있다. 관 입구에서의 부차적 손실계수가 0.5, 관마찰계수는 0.02이고, 평균속도가 2 m/s 일 때 물의 높이 H[m]는?

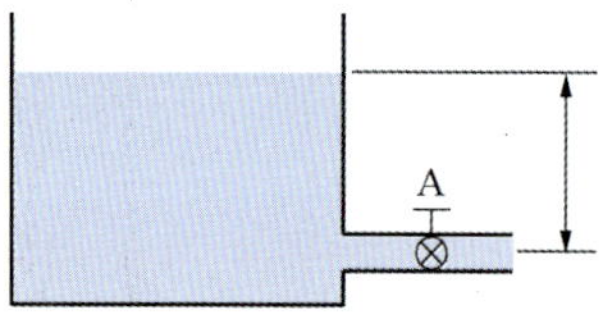

① 1.48 ② 2.14 ③ 2.81 ④ 3.36

a) 속도수두

$$H_V = \frac{v^2}{2g} = \frac{2^2}{2\times 9.8} = 0.204\ \text{m}$$

b) 상당 길이

밸브의 등가길이 $L_{e-V} = \frac{k_V \times D}{f} = \frac{5\times 0.2}{0.02} = 50\ \text{m}$

입구의 등가길이 $L_{e-H} \frac{k_H \times D}{f} = \frac{0.5\times 0.2}{0.02} = 5\ \text{m}$

c) 총 길이

$$L_T = L + L_{e-V} + L_{e-H} = 100 + 50 + 5 = 155\ \text{m}$$

d) 달시-웨이스바 식

$$\Delta H = \frac{fL_T V^2}{2Dg} = \frac{0.02\times 155\times 2^2}{2\times 0.2\times 9.8} = 3.1632\ \text{m}$$

e) 수면에서의 깊이

$$H_T = H_V + \Delta H = 0.204 + 3.1632 = 3.3672\ \text{m}$$

11 마그네슘은 절대온도 293 K에서 열전도도가 156 W/m·K, 밀도는 1740 kg/m^{3}이고, 비열이 1017 J/kg·K 일 때 열확산계수[m^2/s]는?

① 8.96×10^{-2} ② 1.53×10^{-1} ③ 8.81×10^{-5} ④ 8.81×10^{-4}

열확산계수

$$\alpha = \frac{k}{\rho C_P} = \frac{156}{1740\times1017} = 8.81\times10^{-5}\ \text{m}^2/\text{s}$$

활용 / 프란틀 Prandtle 수

$$\text{Pr} = \frac{\nu}{\alpha} = \frac{\mu/\rho}{k/\rho C_p} = \frac{\mu C_p}{k}$$

ν	:	동점성계수	[m^2/s]
α	:	열확산계수	[m^2/s]

12 그림과 같이 반지름이 1 m, 폭(y 방향) 2 m인 곡면 AB에 작용하는 물에 의한 힘의 수직성분(z 방향) F_z와 수평성분(x 방향) F_x와의 비[F_z/F_x]는 얼마인가?

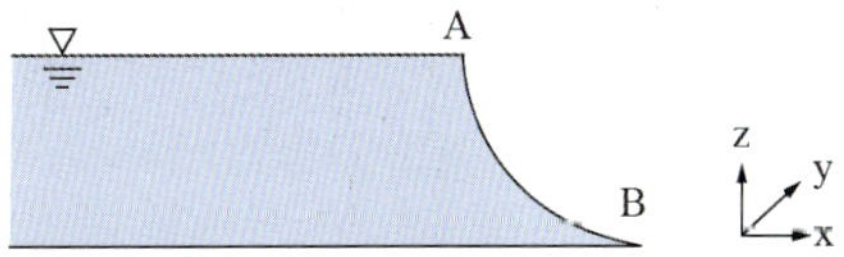

① π/2 ② 2/π ③ 2π ④ 1/2π

곡선형 수문

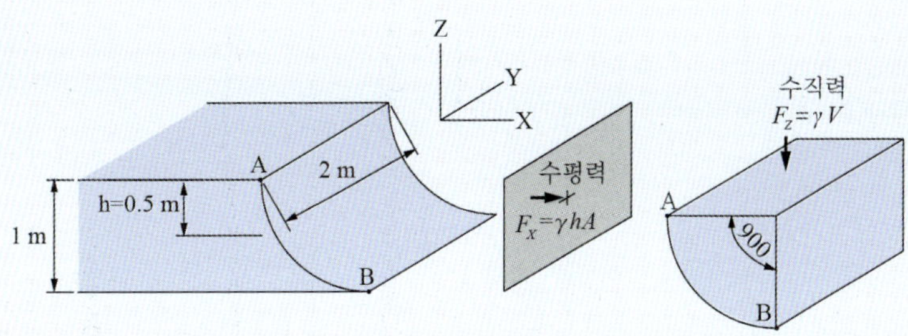

$$\frac{F_Z}{F_X} = \frac{\gamma V}{\gamma hA} = \frac{\pi\times1^2\times\frac{90}{360}\times2}{0.5\times2\times1} = \frac{\pi}{2}$$

13 대기압하에서 10℃의 물 2 kg이 전부 증발하여 100℃의 수증기로 되는 동안 흡수되는 열량[kJ]은 얼마인가? (단, 물의 비열은 4.2 kJ/kg·K, 기화열은 2250 kJ/kg 이다.)

① 756 ② 2638 ③ 5256 ④ 5360

현열과 잠열

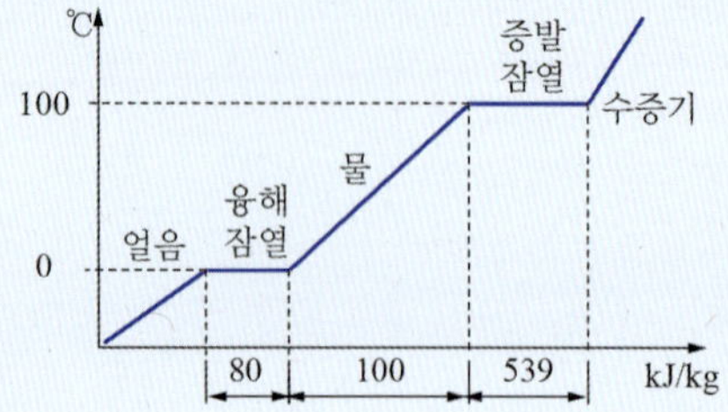

$$Q_T = \text{잠열}+\text{현열} = mR + mC\Delta T$$

Q	:	전열	[kJ]
m	:	질량	[kg]
R	:	증발잠열	[kJ/kg]
C	:	비열	[kJ/kg·K]
Δ	:	온도차	[K]

계산

$Q_T = mR + mC\Delta T = 2\times(2250+4.18\times(100-10)) = 5252.4\ \text{kJ}$

14 경사진 관로의 유체흐름에서 수력기울기선의 위치로 옳은 것은?

① 언제나 에너지선보다 위에 있다.

② 에너지선보다 속도수두만큼 아래에 있다.

③ 항상 수평이 된다.

④ 개수로의 수면보다 속도수두만큼 위에 있다.

에너지선과 수력경사선

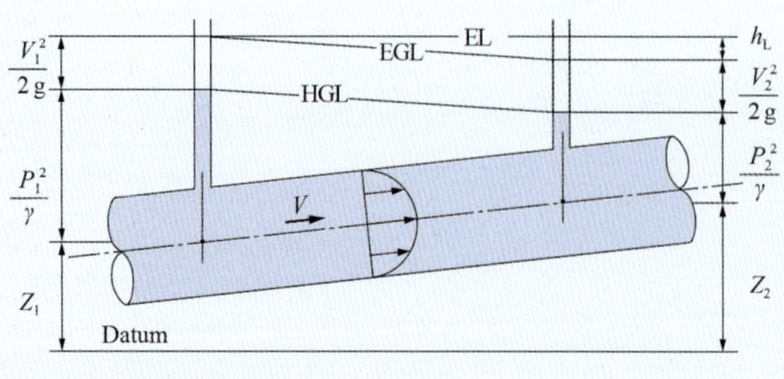

수력경사선(HGL)은 에너지경사선(EGL)보다 속도수두$\left(\frac{V^2}{2g}\right)$만큼 아래에 있다.

15 그림과 같이 폭(b)이 1 m이고 깊이[h_0] 1 m로 물이 들어있는 수조가 트럭 위에 실려 있다. 이 트럭이 7 m/s^{2}의 가속도로 달릴 때 물의 최대 높이[h_2]와 최소 높이[h_1]는 각각 몇 m 인가?

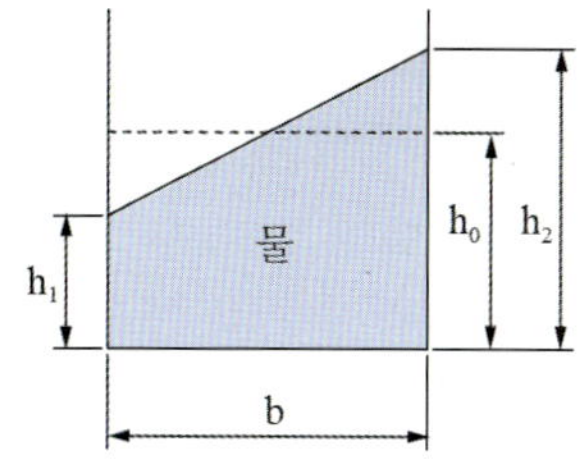

① $h_1 = 0.643$ m, $h_2 = 1.413$ m
② $h_1 = 0.643$ m, $h_2 = 1.357$ m
③ $h_1 = 0.676$ m, $h_2 = 1.413$ m
④ $h_1 = 0.676$ m, $h_2 = 1.357$ m

이동하는 수조

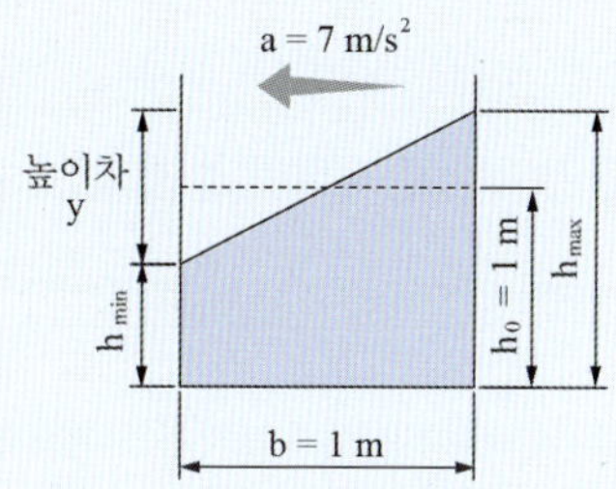

수위

- 높이차 $y = \dfrac{ba}{g} = \dfrac{1 \times 7}{9.8} = 0.7143$ m
- 최대높이 $h_2 = h_{max} = 1 + \dfrac{y}{2} = 1 + \dfrac{0.7143}{2} = 1.3572$ m
- 최저높이 $h_1 = h_{min} = 1 - \dfrac{y}{2} = 1 - \dfrac{0.7143}{2} = 0.6429$ m

16 유체의 거동을 해석하는데 있어서 비점성 유체에 대한 설명으로 옳은 것은?

① 실제 유체를 말한다.
② 전단응력이 존재하는 유체를 말한다.
③ 유체 유동 시 마찰저항이 속도 기울기에 비례하는 유체이다.
④ 유체 유동 시 마찰저항을 무시한 유체를 말한다.

이상유체

- 이상유체는 점성이 없으므로 마찰손실이 없어 모든 점에서 에너지선이 일정하다.

17 출구단면적이 0.0004 m^2 인 소방호스로부터 25 m/s 의 속도로 수평으로 분출되는 물제트가 수직으로 세워진 평판과 충돌한다. 평판을 고정시키기 위한 힘[F]은 몇 N 인가?

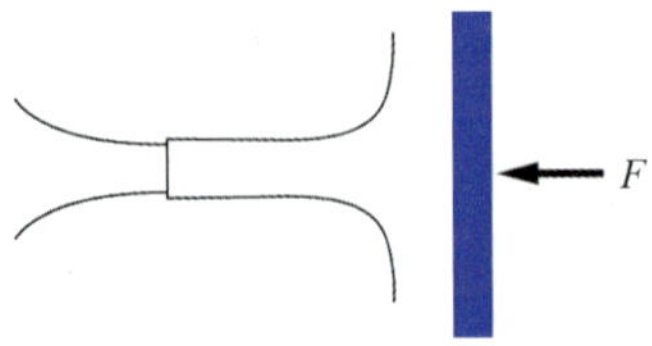

① 150　② 200　③ 250　④ 300

운동량 방정식

$F = \rho QV$

$= \rho A V^2 = 1000 \times 0.0004 \times 25^2 = 250\text{ N}$

18 두 개의 가벼운 공을 그림과 같이 실로 매달아 놓았다. 두 개의 공 사이로 공기를 불어 넣으면 공은 어떻게 되겠는가?

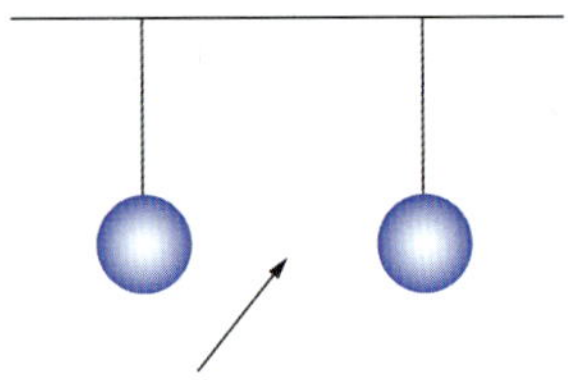

① 파스칼의 법칙에 따라 벌어진다.
② 파스칼의 법칙에 따라 가까워진다.
③ 베르누이의 법칙에 따라 벌어진다.
④ 베르누이의 법칙에 따라 가까워진다.

베르누이 정리

$$\frac{P}{\gamma} + \frac{V^2}{2g} + Z = \text{constant}$$

- 공기를 불어 넣으면 유속[V]이 빨라져 속도수두[$\frac{V^2}{2g}$]가 증가한다.
- 속도수두가 증가한 만큼 압력수두[$\frac{P}{\gamma}$]가 줄어든다.
- 결국, 압력[P]이 감소하여 공은 서로 가까워 진다.

19 다음 중 뉴튼(Newton)의 점성법칙을 이용하여 만든 회전 원통식 점도계는?

① 세이볼트(Saybolt) 점도계
② 오스왈트(Ostwald) 점도계
③ 레오우드(Redwood) 점도계
④ 맥미첼(MacMichael) 점도계

점도계

• 스토머(stormer) 점도계, 맥 마이클(Mac Michael) 점도계는 뉴턴의 점성법칙을 이용하여 만들었다.

20 그림과 같이 수은 마노미터를 이용하여 물의 유속을 측정하고자 한다. 마노미터에서 측정한 높이차 [h]가 30 mm일 때 오리피스 전후의 압력[kPa] 차이는? (단, 수은의 비중은 13.6 이다.)

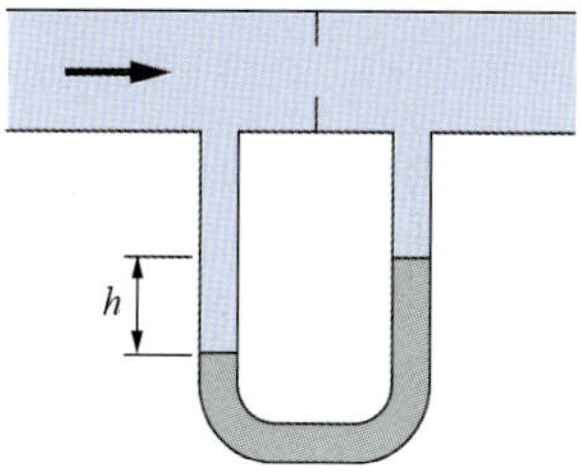

① 3.4 ② 3.7 ③ 3.9 ④ 4.4

액주계

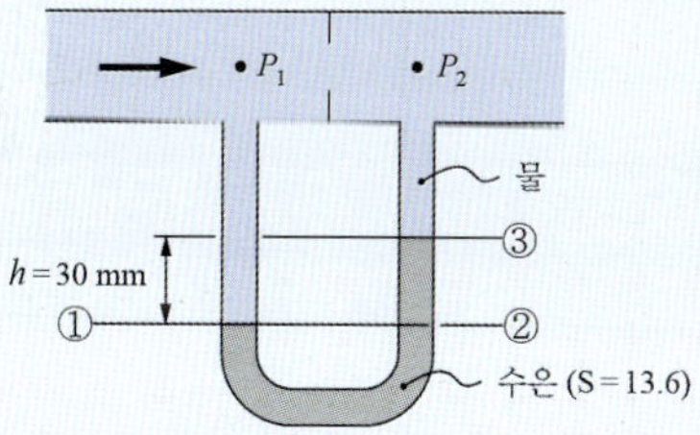

오리피스 전후 P_1, P_2 의 압력차는 ①~③과 ②~③의 액주차로 계산할 수 있다.

• 압력차 $\Delta P = h(\gamma_{수은} - \gamma_{물})$

$= 0.03 \times (9800 \times 13.6 - 9800) = 3704.4$ Pa

$= 3.7$ kPa

정답

01	02	03	04	05	06	07	08	09	10
②	②	②	④	④	③	③	③	①	④
11	12	13	14	15	16	17	18	19	20
③	①	③	②	②	④	③	④	④	②

참고문헌

- 소방유체역학(지우북스/유태종)
- 소방기술사 기출문제 해설 총정리(지우북스/강경원 · 유형주)
- 국가화재안전기준(NFSC)
- White의 유체역학(한국맥그로힐/프랭크 M 화이트)
- 소방설비기사(기계분야) 기출문제(필기 및 실기)

저자

백승주(01076290482@nate.com)

(현) 한국열린사이버대학교 소방방재안전학과 겸임교수

(현) 서영대학교 소방안전과 초빙교수

(현) 한국소방안전원 초빙교수

(현) 경기도 공동주택 기술자문위원

(현) 주식회사 지엠엔지니어링 부설연구소 소장

소방기술사

건축기계설비기술사

꼭 알아야 할

소방유체역학

1판 1쇄 발행 2022년 2월 10일

저자 백승주

발행인 서철종

발행처 도서출판 지우북스

주소 경기도 파주시 문발로 115 세종출판벤처타운 209호

전화 031-915-6670(代)

팩스 031-915-6671

이메일 jwbooks@nate.com

홈페이지 www.jwbooks.co.kr

출판등록 제406-251002017-000032호

ISBN 979-11-88673-87-2 93530

정가 23,000원